The secret truth about the food we eat

㊙情報取材班［編］

お客に言えない食べ物の裏話大全（たいぜん）

青春出版社

〈食〉への好奇心を満たしてくれる裏ネタ集——はじめに

よく知っているようで、意外に知らないもの——その代表格は食べ物でしょう。たとえば、あなたは、カルビの特上や上、並といったランクがどのようにして決められているか知っていますか？　近年、魚や野菜の〝旬〟が大きく変わっているのをご存じですか？

というように、毎日食べているのに案外、その〝裏事情〟を知らないのが、食べ物の世界です。そもそも、今は、安全性をはじめとして、食べ物に関心を抱かざるをえない時代のはず。そこで、本書では、今、私たちが口にしているものが、どのように作られ、どのように運ばれ、どのように加工されているのか、「食」に関する裏話を満載しました。

「タピオカの正体」や「サバ缶の値段のカラクリ」から、「豚をわざと目一杯太らせないで出荷する理由」まで、令和を迎えた今、食の舞台裏がどうなっているのか、本書には味の濃い裏ネタを集めました。この本で、あなたの食に対する好奇心をお腹いっぱいになるまで満足させていただければ、幸いに思います。

2019年10月

㊙情報取材班

目　次

2 お客に言えない食品売り場の裏話……67

目　次

3　産地から流通までの外から見えない裏話……153

目　次

目　次

目次

7 聞けば驚く雑学！ 意外な食べ物の裏話 ……… 331

目次

カバー写真／Seishun / PIXTA
本文写真／venimo/shutterstock.com
topform/shutterstock.com
deomis/shutterstock.com
DTP／フジマックオフィス

1
みんなが知らない
街の「お店」の裏話

宅配ピザのデリバリーの「箱」に隠された驚きのひと工夫

宅配ピザは、平べったい箱に入れて届けられるが、あの平べったいピザ箱は、ただの箱ではない。ピザのおいしさを保つための特製の箱なのだ。

宅配ピザの弱点は、湿気によって劣化しやすいことである。出来立てのピザには、独特のパリパリ感、クリスピー感がある。ところが、それを普通の段ボール箱に入れて宅配すると、届けている間にクリスピー感が失われやすい。熱々のピザは、熱々ゆえに水蒸気を発するからだ。

熱々のピザが出す水蒸気が箱の中に閉じ込められ、冷えると、水分になる。すると、ピザは水分を吸いとって、クリスピー感を失い、ついには湿ってしまう。そんなふにゃふにゃのピザにお金を払いたいという人は、いないだろう。そこで、宅配ピザ会社は特製の箱を用意し、ピザ箱の中に水蒸気がこもらないように工夫しているのだ。

その工夫とは、段ボール紙内に吸水ポリマーを組み込んでいることだ。吸水ポリマーは水分を持続的、かつ迅速に吸収する特性を持つ物質で、紙オムツなどに使われている。その吸水ポリマーが水蒸気をすばやく吸収しているので、ピザ箱内のピザは湿りにくいのだ。

詳しくいうと、ピザ箱の段ボール紙の内側には、まずは水分を通しやすい紙が貼られ、その裏に吸水ポリマーが敷かれている。さらに、吸水ポリマーの裏側に水分を通さないポリエチレンを組み込んでいる。そうした工夫があってはじめて、焼いてから30分近く経った宅配ピザでも、おいしく食べられるのだ。

お客が知らない「原価率」が高いメニューの法則とは？

外食店で食事をしたとき、「この料理の原価率はどれぐらいだろう？」と気になる人もいることだろう。

原価率は、値段に対する食材費の比率のこと。たとえば、値段が１００円で、原価が35円なら、原価率は35パーセントとなる。

一般に外食産業の原価率は、平均30パーセントといわれるが、以下、昨今の外食産業における原価率の高いメニュー、低いメニューを紹介してみよう。

まず、ラーメン店の場合、原価率の高いのはチャーシューメン。むろん、チャーシューに材料費がかかるからで、あるチェーン系ラーメン店の場合、原価率が35・8パーセントになる。逆に、原価率が低いのは具の少ないシンプルなラーメンで、原価率は28～29パーセントといったところ。

そのため、チャーシューメンの価格が100～200円ほど高くても、原価率を計算にいれると、チャーシューメンを頼んだほうが〝トク〟というケースもある。

天ぷら店の場合、原価率が高いのは、エビを使ったメニュー。天ぷらの具材のうち、エビの値段は格段に高いからだ。逆に、原価率が低いのは、野菜を使った天ぷら。高カロリーになりがちな天ぷら店では、健康面を考えて、野菜の天ぷらを頼む人もいるが、原価率を考えれば、エビの天ぷらを食べたほうがおトクなのだ。

回転寿司店の場合は、総じて原価率が高いのはマグロ。ある回転寿司チェーンの場合、マグロの握りの原価率は65パーセントにもなる。つづいて高いのはウニの握りで、57パーセントだ。

一方、原価率の低いものは、骨せんべいの10パーセント、フライドポテトの15パーセントあたり。昨今の回転寿司店では、お客に寿司以外のメニューも食べてもらうことによって、原価率を調整する食ビジネスといえるのだ。

寿司の中でも、魚を使わない、いなり寿司やかっぱ巻き、納豆巻きなども、原価率の低いメニューだ。

意外にも〝海なし県〟の方が寿司屋が多い理由

寿司屋の売り物といえば、新鮮な海の幸を使ったネタ。当然、寿司屋の多い都道府県といえば当然、海に面した都道府県をイメージするだろう。

ところが、調査によると、人口10万人当たりの寿司屋の数が全国で最も多いのは意外にも山梨県で、その数は38・1軒。つまり、寿司屋が最も多いのは、海なし県なのだ。

山梨県では、スーパーに行っても、魚介類の種類が他県に比べて豊富で、寿司コーナーも充実している。寿司ネタの代表格であるマグロの世帯あたり年間消費量も、総務省の２０１６年の調べでは、山梨県は1位の静岡県に次ぐ全国2位だ。

じつは、山梨県民の寿司好きは、昨日今日の話ではない。山梨では、江戸時代から、祝い事など特別な日には、寿司を食べるという文化が根付いてきたのだ。

逆説的になるが、海なし県に寿司文化が根付いた理由は「海がないから」だといわれる。海に面していないからこそ、海産物を食べることに憧れを感じる。それが祝い事などで寿司を食べる文化につながったというわけだ。

実際、先の総務省の調査でも、マグロの年間消費量が多いのは、3位が群馬県、4位が栃木県と、海なし県がつづく。

もう一つ、山梨県で寿司をよく食べるのは、意外に海産物を手に入れやすかったから、という説もある。富士川を使えば、山梨県には、案外容易に静岡県の沼津港などから海産物を運びこむことが昔からできたのだ。

ずばり、タピオカの〝正体〟は？

ご承知のように、近年、タピオカドリンクが人気を集めている。ミルクティなどの飲料に、黒い球状のタピオカパールを沈めた台湾発の飲み物だ。ストローでタピオカパールを吸い込むときの独特の食感が人気の秘密のようである。

そのタピオカパール、黒く丸い球なので、何かの植物の実か種ではないかと、思っている人もいるかもしれない。それは見当違いの話で、タピオカは植物由来ながら、工場で製造されている。

タピオカは、キャッサバという芋類の根茎からつくられるでんぷんのことで、タピオカドリンクのほか、タピオカプディングやドーナツなどの菓子の材料、めん類や料理のつなぎなどに広く利用されている。

では、タピオカパールは、どうやって丸くしているのだろうか？

これには〝雪だるま方式〟が用いられている。まず粉状の、タピオカに粘りをもたせたあと、容器に入れて回転させる。すると、タピオカは雪だるま式に大きく丸くなっていくのだ。それをいったん乾燥させた後、煮戻したものが、タピオカドリンクに使われるタピオカパールだ。

なお、タピオカドリンクの発祥をめぐっては、二つの説がある。１９８０年代、台湾の台中で生まれたという説と、台南で考案されたという説である。いずれにせよ、台湾発であることは間違いないのだが、タピオカという名は台湾語ではなく、キャッサバの生産地であるブラジルの先住民の言葉に由来する。

かき氷の店に「氷」の旗が掲げられているのはなぜ？

かき氷の店といえば、白地に「氷」という文字が赤く染め抜かれた旗が掲げられているもの。その旗、よくみると、「氷」の下は並模様で、字のまわりには、太り気味の二羽の千鳥が飛んでいる。かき氷を提供する店には、なぜかほぼ全国共通で、そんな旗が掲げられているのだ。なぜだろうか？

その旗は、業界では「氷旗」と呼ばれる伝統の旗だ。話は、明治維新直後までさかのぼる。江戸時代までは夏場、氷が一般に出回ることもなかったが、明治初期、夏も氷が出回るようになった。ところが、不衛生なものも出回り、伝染病の原因になるおそれがあったため、１８７８年（明治11）、当時の内務省が衛生検査をはじめ、検査に合格した氷は、販売者の名などをのぼりなどで明らかにするように義務づけた。これが、今につながる「氷旗」のルーツとなった。

その後、製氷メーカなどが、統一の氷旗をデザインし、小売り業者らに配付するようになった。そこで、同じようなデザインの氷旗が全国に広まることになったというわけだ。

そもそも江戸前寿司の「江戸前」ってどこからどこまで？

「江戸前寿司」というと、一般には煮たり、酢で締めたりと、ちょっとした〝仕事〟をした寿司ネタを使った寿司を指す。このときの「江戸前」は、「江戸の流儀の」という意味だ。

じつは「江戸前」には、もう一つ、文字どおり「江戸の前」、あるいは「江戸城の前」という意味もある。「江戸前の魚」なら江戸の前で捕れた魚、「江戸前の海苔」なら江戸の前で採れた海苔というわけだ。

その「江戸の前」がどのあたりを指すかというと、江戸時代は芝や品川あたりの近海を指した。

明治以降、東京湾北部沿岸の埋め立てが進むと、漁場は沖合に移っていく。さらに、第２次世界大戦後は水質汚染が深刻化し、漁場はさらに南下した。

「江戸前の魚」というのは、漁業関係者にとっては、一種のブランドといえる。そこで、漁業関係者のあいだでは、千葉県の富津岬と神奈川県の観音崎を結ぶ線の内側までは「江戸前」と呼べるのではないか、という意見が出てきた。

魚は東京湾内を回遊しているので、そのあたりの魚も、芝や品川あたりの魚も同じと考えていいじゃないか、というわけだ。これを江戸前の定義に関する「東京湾内湾説」という。

さらには、もっと遠くまで含めてもいい、という意見も登場した。千葉県の房総半島の先端の洲崎と三浦半島の先にある剣崎（つるぎざき）を結んだ線までを「江戸前」とするというものだ。こちらは「東京湾外湾説」という。

むろん、「江戸前の魚」の定義がまちまちでは、漁業関係者も消費者も混乱する。そこで、2005年になってようやく、水産庁の「豊かな東京湾再生検討委員会食文化分科会」が、「江戸前」を以下のように定義づけた。

「東京湾全体でとれた新鮮な魚介類」というもので、つまりは「東京湾外湾説」が採用されたというわけだ。

分科会では、その理由として、内湾と外湾を行き来する魚が多いことと、江戸前寿司と呼ばれる寿司には、外湾で採れる魚介類も多く使われているということを挙げていた。

カリフォルニアロール誕生をめぐるウソのような話

カリフォルニアロール（カリフォルニア巻き）といえば、アボカドを巻いたお寿司のこと。その発祥をめぐっては、１９６３年、ロサンゼルスのリトルトーキョウのスシ・バーで考案されたという説が有力だ。１９８０年代には全米で食べられるようになり、その頃、日本にも逆輸入された。

当初は「フルーツを寿司ネタにするとは！」と日本人にカルチャーショックを与えたが、その後、いろいろな変わりダネの寿司を生みだすきっかけになった〝歴史的傑作〟である。

そもそも、アボカドは「森のバター」と呼ばれるくらい、脂肪分の多いフルーツ。アボカドの〝切り身〟に醤油をかけて食べると、「トロの味に似ている」という人もいるくらいだ。そんなところが、寿司ネタにするにも合っていたのだろう。

とりわけ、カリフォルニア産のアボカドは脂肪分が多いことで有名。アボカドは、カリフォルニアのほか、メキシコ、インドネシア、ドミニカ、フィリピンなどでも作られているが、カリフォルニア産が最も脂肪分の比率が高いとされる。

そんな〝トロ〟のようなアボカドを使って、カリフォルニア巻きはＳｕｓｈｉを世界に広める立役者のひとつになったというわけ。

ユッケとタルタルステーキに、こんな接点があった！

２０１１年４月下旬、焼肉チェーン店で発生した集団食中毒事件をきっかけに、生食用牛肉の加工や調理方法の基準が厳格化された。それによって、たとえば、牛の生肉を使った韓国料理「ユッケ」などは、新基準を満たすためのコストなどを反映して高級メニューとなってしまった。

しかし、考えてみれば、ユッケのふるさと韓国でも、その昔ユッケは宮廷でのみ食べられていた超高級料理だった。

たとえば、１７９５年２月の王のメニューを見ると、昼食にユッケが供されている。旧暦とはいえ、２月はまだ寒い時期だ。そのことからも、ユッケは肉が腐敗しにくい冬の食べ物だったことがわかる。

韓国の庶民がユッケを口にできるようになったのは、20世紀初め頃からである。李朝時代が終わり、宮廷料理の内容が一般に広く知られるようになってからのことといえる。

それにしても、韓国はそもそも日本同様、仏教国であり、殺生は禁じられ、肉食はしなかったはずだ。にもかかわらず、焼肉大国になった背景には、中央アジアの遊牧民モンゴルの支配を受けた歴史がある。

13世紀半ば、モンゴル帝国は中国・朝鮮半島へ攻め入り、朝鮮半島の高麗国を支配下に置いた。それによって、騎馬民族であるモンゴルの肉食文化が朝鮮半島に浸透、定着したのである。

同じ頃、モンゴルはヨーロッパにも大きく勢力をのばした。西洋にはユッケと同様、生肉を使ったタルタルステーキがあるが、これもモンゴルの食文化の影響を受けたメニュー。その証拠に「タルタル」とはモンゴル民族を表す言葉だ。

ユッケとタルタルステーキは、箸で食べるか、ナイフ・フォークで食べるかの違いはあっても、ルーツは同じなのである。

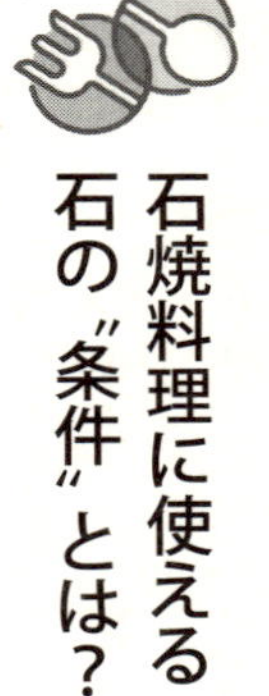

石焼料理に使える石の〝条件〟とは？

石焼の料理と聞けば、「石焼いも」や「石焼ビビンバ」、「石焼肉」「石焼ラーメン」などを思い浮かべる人が多いだろう。

それらの石焼料理は、家庭で簡単にできる料理ではない。石焼料理に使う石は、石なら何でもいいというわけではなく、まず料理に応じた石を調達する必要があるのだ。たとえば、石焼いもの場合、１００℃前後の温度帯を長く保つ必要がある。そこで、石には、熱を伝えるだけでなく、熱を蓄えるという役割も合わせて求められる。そのため、重くて比熱が大きく、冷めにくい石が適している。

また、石焼肉は高温ですばやく焼く必要があるため、３００℃前後の高温に耐えられる石でなければならない。

さらに、石が直接食品に接することや、落としたときの衝撃耐性、コストなどを考えると、石の種類はある程度しぼられてくる。たとえば、石焼イモ用には、冷めにくいことに加えて、イモの表面に接して均一に加熱し、しかもイモを傷つけないようにしなければならないので、小さな丸い石をたくさん使うことになる。

焼き肉用には、肉全体を石の表面に接して置けるような平らな石がよい。ビビンバ用には、お椀型に加工できるうえ、焼いたり、混ぜたりしている間に欠けない硬さのある石が必要になる。

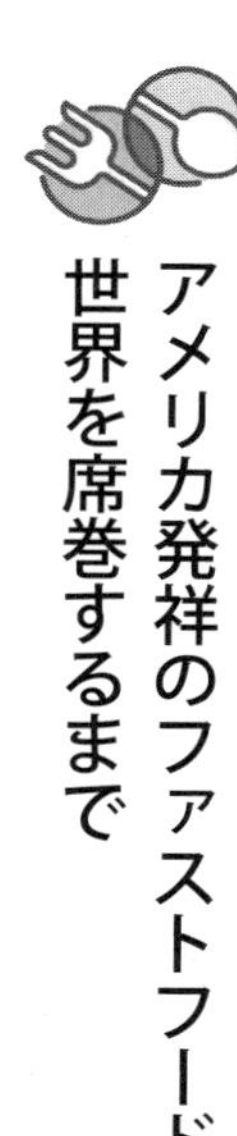

アメリカ発祥のファストフードが世界を席巻するまで

「ファストフード」といえば、一般的にハンバーガーやフライドチキン、ホットドッグなど、アメリカのチェーン店が作りだした安価で手軽に食べられる食品を指す。

そのうち、ハンバーガーの起源については諸説あるが、１９４０年代、マクドナルド兄弟が、カリフォルニアで開いたドライブインで販売して評判になったことが、広く知られるきっかけとなった。

クルマで長距離を移動するさい、食べながら運転できることが、ドライバーに重宝されたのである。

そうして、カリフォルニアのハンバーガーは、縦横につながるハイウェーに乗って、全米の大都市に広まっていった。

そもそも、アメリカは、ご存じのように移民の国である。それぞれの祖国には、さまざまな食文化が存在するわけだが、アメリカでは全体を代表する料理がなかなか育たなかった。

開拓時代には、地域によって、トウモロコシの粒に卵と牛乳を加えて焼くコーン・プディングや、インゲン豆に塩漬けにした豚肉や野菜を煮込み、メープルシロップで味をととのえたベイクド・ビーンズが人気料理となった程度だった。

ところが、ハンバーガーは、またたく間に全米に広まった。安い値段でお腹を満たせるうえに、手軽に食べられるということで、中産階級や貧困層に好まれたのである。

やがて、チェーン店が続々と増えて、ファストフードは巨大ビジネスへと成長していく。第二次世界大戦後、それらのチェーン店は外国へも進出していった。

一方、フライドチキンは、アメリカ南部に移民したスコットランド移民の鶏肉料理が、アフリカ系アメリカ人の料理人に伝わり、現在のようなスタイルができあがった。それが、チェーン店のパワーによって全米へと広まった。

日本へは、戦後、進駐軍によって持ち込まれ、1970年代、チェーン店の進出に

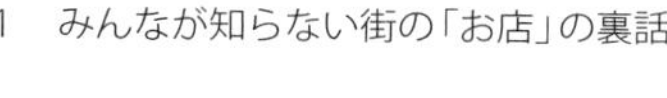

よって全国に広まっていった。

最近、インド料理店が急増しているのはどうしてか

この10年、インド料理店が増えつづけている。ＮＴＴのｉタウンページを見ると、２０１９年９月には全国で２６４４軒あり、10年前の10倍に近い。また、このうち半数近くは首都圏にある。

インド料理店が増えた背景には、近年、インドから大勢のＩＴ技術者が来日したことがある。よく知られるように、インドはＩＴ大国で、日本に駐留するＩＴ技術者が増えたのだ。

もちろん、インド料理店を訪れるのは、インド人だけではない。彼らの同僚や取引先もインド料理店に足を運ぶ機会が増え、あらためてインド料理のおいしさに目覚めたという日本人が増えているのだ。

ほかに、ヨガを通じて、インド料理に関心をおぼえるケースも増えている。美容や健康のためにヨガを習う人は少なくないが、美容や健康と食べ物は切っても切れない関係にある。ヨガ教室に通ううちに、ヨガの本場のインドの食べ物にも興味を持ち、インド料理店に足を向ける人が増えている。

回転寿司の安さを支えている〝ワケあり〟のネタ事情

最近では、一言に「回転寿司」といっても、高級ネタを扱う店から、あくまで安さで勝負の店まで、さまざまなタイプがある。そのうち、安さで勝負の店にとっては、いかにネタを安く仕入れるかが、勝敗の分かれ目になる。その仕入れのルートは、現在ではじつにさまざまである。

たとえば、魚の流通業界には、ワケアリの魚を専門に扱う業者もいる。養殖場で大量に魚を飼育すると、なかにはヒレがすり切れたり、ウロコが落ちたり、体にキズができたりするケースがある。普通の寿司店では、そういうキズモノを買わないため、安さが勝負の回転寿司に持ち込まれるのだ。

さらに、深海に生息するような珍魚、怪魚が寿司ネタにされることもある。業者は、これまでは研究者くらいしか興味を示さなかった魚を持ち込み、まず回転寿司チェーンの仕入れ担当者に試食してもらう。そして好評ならば、まずは「割引商品」などとしてお客に提供され、それでも評判がよければ、正式な寿司ネタとして採用される。そして、それらがベルトの上をグルグルまわっていたりすることもあるのだ。

つけ麺の〝はじまり〟をめぐるウソのような本当の話

つけ麺が誕生したのは、1955年（昭和30）頃のこと。考案したのは、池袋大勝軒の山岸一雄氏とされている。

山岸氏は当時、独立した店で、新たなメニューを続々と考えだしていた。そのとき、ふと思い出したのが修行時代に食べていたまかない料理である。お客が注文した麺を丼に盛った後、ゆでザルに残った麺を集め、醤油を落としたラーメンスープにつけて食べていたのだが、それを見ていた客が「うまそうだな」と言った。

山岸氏はそのシーンを思い出して、ザルに麺を盛り、スープにつけて食べる「つけ麺」を新たなメニューに加えたのである。

もっとも、当時は、つけ麺ではなく、「特製もりそば」と呼んでいた。それは、山岸の出身である長野の日本そばのメニューにあやかったネーミング。新メニュー「特製もりそば」を考えたときも、日本そばのもりそばのことが頭にあったのだろう。

初めて「つけ麺」と名づけたのは、現在、チェーン店となっている「つけ麺大王」である。この店の出現で、１９７０年代には第一次つけ麺ブームが起きた。また、１９９０年代から、池袋大勝軒の山岸氏が弟子をとるようになり、その弟子たちが全国各地で店を出した。２０００年前後からのつけ麺ブームの担い手は、おもに山岸氏の弟子たちである。

出前の寿司とお店の寿司では握り方が違うワケ

そばにしろ、ラーメンにしろ、ピザにしろ、出前は早いにこしたことはない。「すぐ食べたい」ことに加えて、食べ物はつくりたてが一番おいしいからである。とくに、そばやラーメンは、出前の途中で道に迷われでもしたら台無しである。

それなら、寿司はどうか。寿司は麺類ではないし、もともと温かい食べ物でもない。出前に時間がかかっても、味はそう変わらないのでは、と思う人もいるだろう。

しかし、じっさいには、寿司も時間が経てば、味は落ちていく。シャリは冷えてかたくなり、巻物は湿気を吸って海苔の切れが悪くなる。

それでも、普通の時間内に届けば、店で食べるのとそう変わらない味を楽しめるのは、そこに寿司職人の工夫があるからである。寿司店では、出前の寿司を握るとき、店内で出す寿司とは、握り方を微妙に変えているのだ。

店内の客に出す場合はギュッと握るが、出前の場合はふんわりと握る。そうすると、ある程度時間が経ってからでも、シャリをやわらかく食べられるのだ。ベテラン職人は、親指の使い方だけで調整できるという。

また、やわらかく握られている分、出前の寿司は、店内の寿司よりも、見た目が少し大きく見える。見た目大きめの寿司が届けば、客としてはうれしいものだ。多少時間が経ってもおいしく感じるのは、このあたりも影響しているのかもしれない。

「寿司ネタは、高級なほど量の操作がしやすい」って本当？

高級寿司店にも「明朗会計」を強調する店が多くなった。昔は、値段がわからないまま食べるのが普通だったが、今では、店内に値札が下がっていたり、メニューが用意されている。

しかし、寿司屋は、仕入れ値が毎日変わるので、本来、定価販売には向かない商売である。そのため、急に仕入れ値が上がったときは、店側では次のような細工をして原価を調整している。

たとえば、その日の仕入れ値が高ければ、一貫あたりのネタの量を少し減らすのである。たとえば、イクラの場合、某寿司チェーンの店長によれば、1キロで20貫〜40貫までつくり分けることができるという。

仕入れ価格が高ければ、イクラの盛り方を少なくして貫数を増やし、安ければ貫数を抑えてサービスする。イクラは軍艦巻きにするのでイクラの量が多すぎても食べにくい。それだけに、量が減ってもあまり気にならないため、ごまかしやすいという。

また、イクラ同様、原価を操作しやすいのが、ウニだという。ウニには、キロ２０００円以上の国産ウニから、半値以下の冷凍輸入のウニまである。原価を抑えたいとき、少しグレードを落としても、それに気づく客はめったにいない。さらに、量を少しずつ減らせば原価をグッと下げられる。

さらに、マグロも、種類、部位、肉のつき具合によって仕入れ値が変わる。種類でいえば、いちばん高いのが本マグロで、以下インドマグロ、メバチマグロ、キハダマグロとなる。しかし、ひと口食べただけで、その違いがわかる人は少ない。

また、店によっては、グレードを落とさない代わりに、ネタを薄くするところもある。ふだんなら10枚のネタをとるのに、ミリ単位で薄くして12枚、13枚のネタをとる。包丁の入れ方一つで、原価を下げられるというわけだ。

どうして寿司飯に砂糖を入れるようになった？

江戸前寿司といえば、にぎり寿司のことで、関西の寿司は、もともとは押し寿司やバラ寿司が中心だった。江戸前寿司と関西寿司は、それぞれ別々に発展してきたもので、つくり方はもちろん、寿司飯の味つけからして異なっている。

江戸（東京）では、戦前まで、砂糖は使わず、塩と食酢だけで寿司飯を作っていた。そのほうが、ネタである魚の味が際立つからである。その時代、江戸では、江戸前（東京湾）の新鮮な魚が手に入ったので、魚の味を引き立てることが、もっとも重要とされたのだ。

一方、関西では、砂糖を米の10％も入れる。甘口にすると、米が固くなりにくく、殺菌効果も期待できる。関西では、祭りやお祝いなどの前日に寿司を作って、家族で食べたり、客にふるまうことが多かったから、ひと晩置いても大丈夫なように、雑菌の繁殖を抑えることが必要だったのだ。

ところが、戦後になると、江戸前寿司でも、寿司飯に砂糖を加えるようになった。戦後の食糧難の時代、甘味を求めるお客のニーズに対応して砂糖が使われ始めたのである。その後は、米の質が変化し、砂糖を使わなければ、味が保てなくなった。

とりわけ、人工乾燥させた米は、吸水力が弱く、酢をふりかけても十分には吸わない。そこで、砂糖の保水力を利用して、米に酢を吸収させているのである。

また、砂糖を加えると、寿司飯にツヤが出て、輝きが出るという効果も生じる。単に砂糖を溶かしただけではツヤは出ないが、合わせ酢をつくるとき、砂糖が溶けるように加熱すると、飴のようなつやが生まれ、輝きのある寿司飯に仕上がるのだ。

ちなみに、江戸前寿司が全国に広まったのは、関東大震災がきっかけだった。東京で職場を失った寿司職人たちが、故郷に帰るなど、全国に散らばって店を開いたためである。

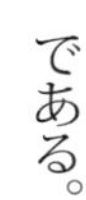

人気ラーメン店のはずが突然つぶれる理由とは？

栄枯盛衰の激しい飲食業界のなかでも、とりわけ熾烈な戦いがつづいているのがラーメン業界。ラーメン激戦区といわれる地域では、新しい店が次々とオープンし、口コミやインターネットによる情報交換で人気に火がつけば、あっという間に人気店の仲間入りをする。一方、客の入りが悪い店は、数か月で閉店に追い込まれてしまう。

むろん、すぐにつぶれるようなラーメン店は、単に味がまずかっただけかもしれない。しかし、不思議なのは、人気店だったはずの店が、いきなり閉店するケースがあることだ。

この業界では、マスコミにも取り上げられ、店の外に行列ができていたラーメン店が、ある日突然つぶれてしまうことがあるのだ。

その店のファンにしてみれば、「うまかったのに、なぜ？」と首をかしげるばかりだが、そういう店は、「ブーム」があだになって、閉店に追い込まれることが多いという。

人気店が閉店に追い込まれるまでの経緯を追ってみることにしよう。

まず、店の評判がネットなどで広まり、それがテレビや雑誌などで紹介されると、急激に客が増える。すると、客をさばききれなくなった店は、厨房設備を拡充したり、家賃の高い一等地に支店をオープンさせるようになる。飲食店経営の専門家にいわせると、これがいちばん危ないケースなのだという。

いわずもがなだが、ブームとは一過性のもの。それが去ったあとは、いくら人気店といえども、客足はピーク時の半分くらいまで落ち込む。

ラーメン店の場合、ブーム期の平均来客数の4分の1をリピーターにできなければ、その後の経営は危うくなるといわれているが、それを見越せずに安易に経営を拡大すれば、あっという間に資金繰りが悪化し、やむなく閉店するハメになってしまうのだ。

秘伝のラーメンスープづくりに必要な経費

ラーメン店でもっとも大変な仕事は、スープの仕込みである。ラーメン職人のこだわりは、このスープの仕込みにこそ発揮される。

もっとも、多くのラーメン店では、専門業者から濃縮スープを購入している。それを薄めてお客に出しているのだ。一方、行列のできるような名店では、オリジナルな味にこだわって、自家製スープを作っている。

ところが、この自家製スープ、作ってみると、想像以上にコストがかかる。トンコツ、トリガラ、魚介類など、素材にこだわれば、それだけコストが増えるのはいたしかたないが、それ以外にもかなりの出費を覚悟しなければならない。

まずは水道代である。

とくに、トリガラは血管や内臓の取り残しが少しでもあると、てきめんにスープがにごってしまう。そのため水を出しっぱなしにして、ていねいに洗い落とす必要がある。たいていは、その店で修行中の若い人の仕事だが、大量のトリガラを洗い終わるのに、毎日、数時間はかかる。その水道代がバカにならないのだ。

さらに、ダシを取り終わったトリガラやトンコツは、その後大量の生ゴミとなる。一般用のゴミ置き場に出すわけにもいかず、特別にお金を払って処分してもらう必要がある。これが月に数万円にもなる。

その他、廃水や悪臭を消す費用を合わせると、月に数十万円ものコストがかかってしまうのだ。

そのため、最初は自家製スープづくりに燃えたものの、採算が合わず、泣く泣く濃縮スープ利用に後退するラーメン店もある。

「北京ダック」の肉の部分は誰が食べているのか

北京ダックを初めて食べたとき、皮しか出てこないことに驚いた人はいないだろうか。

北京ダックは、ご存じのように、高タンパクのエサで太らせたアヒルを、こんがり焼き上げた料理で、肉ではなくパリッとジューシーな皮を、薄い小麦粉の皮（薄餅）に巻いて食べる贅沢な料理である。

しかし、そうと承知していても、やはり気になるのは、「肉はどうなるのか」ということ。「せっかく一品数千円もする料理を頼んだのだから、肉も一緒に食べたい」と思ったことのある人は少なくないはず……。

はたして、テーブルに出されない北京ダックの肉の部分は、どう処理されているのだろうか？　また、「肉もください」と注文することはできるのだろうか？

対応は店によってさまざまだが、「肉も出してほしい」と頼んでみること自体は、マナー違反ではないから、勇気を出して頼んでみるといい。

肉の使われ方で多いのは、ラーメンの具などに利用されるケースだ。ほかには、従業員用のまかない料理に使っている店もある。いずれにしても、皮に比べて味の劣る肉は、北京ダック料理の一部としては扱われないわけである。

その一方で、初めから、肉の部分もスライスして出してくれる店もある。また、肉で何か作ってほしいと頼めば、チャーハンやモヤシ炒めなどに使ったり、サラダにのせるなどして、出してくれるところもある。肉の使い方は、店によってまちまちなのだ。

さらに、本場中国の北京ダック専門店になると、骨でダシをとってスープにするのはもちろん、内臓や、水かき、舌なども別の料理として出されることが多い。日本と違い、あちらの北京ダック料理は、皮・肉・骨で一つのセットなのである。

以上のような事情を踏まえて、「本場風に肉も食べたい」と思う人は、お店に確認してから注文することをおすすめしたい。その場合、値段がどうなるかも、遠慮なく聞くといいだろう。

エビがお子様ランチの主役であり続けるワケ

デパートのレストラン街には、和・洋・中華とさまざまな飲食店が並んでいる。どこに入るか目移りし、フロアを一周する人も少なくない。

ところが、家族連れであれば、どの店に入るか、その答えはけっこう簡単に出る。「お子様ランチ」があるかどうかで選ぶことが多くなるからだ。ハンバーグ、エビフライ、卵焼きと、子ども好みの料理が盛られたお子様ランチは、依然根強い人気を集めている。

さて、そのお子様ランチにもっとも多く採用されている食材はエビである。全国のお子様ランチの60％に、エビを使った料理が入っているという。とくにエビフライは、お子様ランチに欠かせない定番メニューである。

なぜ、お子様ランチにはエビフライが欠かせないのか。それにはいくつかの理由がある。

一つは、エビフライが子どもにも食べやすい料理であること。ハシがうまく使えない幼児でも、エビフライならフォークで食べられる。また、身は柔らかいし小骨もないから、大人が世話をする必要もない。

二つめは、エビが赤い色をしていることだ。色彩心理学では、子どもが赤い色の食品を好むことは常識。エビフライ自体はキツネ色でも、赤い尻尾がエビ本来の赤色を想起させ、子どもの食欲をそそるというわけだ。

三つめは、つくり手側の理由で、調理に手間がかからないこと。子ども連れの客に対しては、子どもの料理は親よりも早く出すのが飲食店の鉄則である。そうしないと、子どもがぐずったり、泣き出したりするからだ。その点、エビフライは下ごしらえさえしておけば、時間はほとんどかからない。

四つめは、サイズをそろえやすい点である。子供が何人もいる場合、サイズの問題は重要である。大きさが違えばケンカになってしまうこともありうる。その点、エビはもともと規格が厳しい食材であり、サイズをそろえやすい。

というわけで、エビはお子様ランチに必要な条件のすべてを満たしている食材という次第である。お子様ランチ・ワールドでのエビの王座は、当分安泰だろう。

カルビの「特上」「上」「並」の〝線引き〟はどこにある？

焼肉メニューの王座といえばやっぱりカルビ。焼肉店に入ったら、「とりあえずカルビ！」と注文する人も多いだろう。

カルビは、牛の胸から腹にかけての肉で、簡単にいえばバラ肉。カタバラ、マエバラ、トモバラと呼ばれる部位が、カルビとして提供されている。

では、焼肉各店のメニューにある「特上カルビ」「上カルビ」「（並）カルビ」という格付けは、どのような基準で決められているのだろうか？

多くの店が採用している基準は、「サシの入り具合」。たとえば、カタバラのなかの〝サンカクバラ〟という部位が使われているのが上カルビ。上ロースであれば、リブロースの中の、さらに厳選された部位を使ったもの、という具合に格付けしているケースが多い。

また、調理の担当者が自分の目を頼りに肉質を格付けしている店もある。一般に、カルビの肉質は、体の前のほうがサシの乗りがよいとされる。そのことに加えて、じっさいに肉を見てサシの入り具合を調べながら、並、上、特上というふうに分類する。

このうち、特上に分けられるのは、ごくわずか。通常、40キロのバラ肉で1キロほどしか、このランクには入れられない。値段が高くなるのも無理のない話だ。

しかし、特上肉だからといって、誰が食べてもおいしいとは限らない。特上カルビのようにサシがたっぷり乗った肉は、口のなかでとろけるような食感が特徴だが、なかにはそう聞いただけで、胸やけしてくる人もいるだろう。

適度なサシで、歯ごたえのあるほうが好きという人は、むしろ「並」「上」のほうをおいしく感じることだろう。店の決めた肉の格付けは、貴重な肉かどうかを基準にしたものであり、個々のお客に対してのおいしさを保証するものではないのだ。

「鰻丼」誕生のきっかけとなったある〝奇跡〟

鰻は『万葉集』の昔から、精のつく食べ物として知られていたが、現在のような「鰻丼」が誕生したのは、ずいぶん時代が下った江戸時代後期の文化年間のことである。

宮川政運の『俗事百工起源』によると、鰻丼を考案したのは、大久保今助（おおくぼいますけ）という人だという。

大久保今助は実在の人物で、いまの茨城県常陸太田市うまれ。もともと機転のきくタイプの人だったらしく、江戸に出ると商才を発揮。やがて、江戸三座のひとつ、中村座の金主になった。金主というのは、事業や芝居などの興行主に資金を提供するスポンサーのことだ。

その今助の大好物が、鰻のかば焼きだった。いつも鰻のかば焼きを用意して、ごはんのおかずにしていたというが、芝居見物の最中は外に出られないので、鰻屋から出前をとっていたという。

しかし出前では、到着する頃には鰻が冷めていておいしくいただけない。そこで今助が思いついたのが、鰻重だった。

当時、芝居見物には、重箱詰めの弁当がつきものだったが、今助はこの重詰めに、ごはんと鰻のかば焼きをのせるという方法を思いつき、鰻屋に注文した。ホカホカごはんの上にかば焼きをのせ、ふたをしめておけば、温かいかば焼きが食べられると考えたのである。このアイデアが大成功。鰻重のフタを開けるとふわっと湯気があがり、かば焼きの芳ばしい香りがぷーんと漂った。

ごはんにはかば焼きのタレがいい具合に染み込み、フタをしたことで、かば焼きが適度に蒸されてふっくらしている。これまでのかば焼きとは、まったく異なる料理になっていたのである。

この鰻重が評判を呼び、江戸の鰻屋はこぞってメニューに加えるようになった。その後、「鰻丼」が生まれたのは、重箱よりも庶民に親しみやすい丼を使うようになったからである。

寒いはずの朝鮮半島で〝冷麺〟を食べる歴史的理由

夏場、焼き肉でお腹を満たした後は、あっさりした冷麺で締めくくるという人もいるだろう。冷麺といえば、夏の食べ物と思っている人もいるかもしれない。が、じつは、この冷麺、もともと朝鮮半島では冬に食べられていた。

といえば、寒い朝鮮半島の冬に、なぜわざわざ冷たい麺を食べるのかと疑問に思う人もいるだろう。ところが、朝鮮半島の冬は、外は寒くても、家の中は暖かいのである。日本の北海道でも、家の中は半袖で過ごせるほど暖かいが、それは夏の蒸し暑さ対策を優先させている本州以南の家と違って、冬の寒さ対策として隙間をなくし、暖房設備を充実させているからである。

朝鮮半島の家屋も、オンドル（床下暖房）によって、冬場の室内は汗ばむくらいの温度になる。そんな部屋では、熱い麺より、つるつると涼やかに食べられる冷麺がピッタリのメニューなのである。

朝鮮半島の冷麺は、19世紀半ばに成立したと考えられている。そば粉を原料とし、つなぎとして、デンプンや小麦粉を入れて練る。穴の開いたシリンダー状の容器で、麺状に突き出し、そのまま湯に落として茹でた後、冷水にさらす。そうすることで、日本の女性には「噛み切れない」と嘆く人もいるくらいの強いコシが生まれる。

その麺を専用の容器へ入れ、ゆで卵やキムチ、ナシなどを盛りつけ、最後に鶏肉や牛肉でとったスープにトンチミ（大根の水キムチ）の汁を合わせた冷たいスープをかけて出来上がりである。

19世紀、朝鮮半島の南部では小麦がよく収穫できたのに対し、北部では小麦があまりとれなかった。その代わりに、北部にはそば粉が豊富にあったため、北部で冷麺が生まれたのである。現在でも、冷麺の本場がピョンヤンといわれるのは、そのためだ。

そばの色の違いから、どんなことがわかるのか

そば屋によって、白っぽいそばを出す店もあれば、黒っぽいそばを出す店もある。また、スーパーなどで売られている乾麺も、メーカーによって微妙な色の違いがあるものだが、白と黒、そば粉の割合はどちらのほうが多いのだろうか。

という質問に、「雰囲気からいって黒っぽいそば！」と答える人もいそうだが、じつは、そばの色とそば粉の割合はまったくの無関係。そばの色の違いは、粉の種類の違いによるものだ。

そば粉の種類は、色の濃淡によって大きく三つに分けられる。一つは、石うすで挽いたとき、まっさきに取れる「一番粉」で、これはそばの実の中心部分から取れる真っ白い粉。もう一つは、一番粉が取れたあと、その周りから取れるやや黒みがかった「二番粉」。さらに、そばの実の一番外側から取れるのが黒っぽい「三番粉」だ。

石うすで挽いたとき、なぜ中心の「一番粉」から出てくるのかというと、そばの実は中心がいちばんもろく、崩れやすいからである。そのため、圧力をかけると、中心部から粉になって出てくるのだ。

では、そば粉の種類によって、味のほうはどう変わってくるのだろうか。

まず、一番粉の白い粉だけで打ったそばは、「更科（さらしな）そば」と総称される。味や香りは弱いが、のどごしがなめらかなのが特徴。一方、黒っぽい二番粉、三番粉で打ったそばは、通称「田舎そば」などと呼ばれ、香りが強い。また、そばの皮が含まれているため、ザラザラしているのが特徴だ。そば専門店では、これら3種類の粉の割合を独自にブレンドし、食感や香りを調節しているというわけである。

なお、そばの製粉は普通は三番粉までだが、さらに四番粉（末粉）まで取る場合もある。四番粉は甘皮や胚芽（はいが）を多く含み、おもに乾麺用として利用されている。

ピータンができるまで数か月の時間がかかるのは？

中華料理店で前菜の盛り合わせを注文すると、アヒルの卵からつくられたピータンが登場することが多い。独特の風味とコクがあるその味にハマって、ピータンのとりこになる人もいる。

しかし、その一方で、「中華料理は好きだけど、ピータンだけはちょっと苦手……」という人もいる。その理由を聞くと、見た目がグロテスクだし、だいたいからして卵はナマ物のはず。「腐っているみたいでイヤだ」という答えが返ってくる。

そういわれてみると、たしかに不思議である。なぜ、ピータンは何か月も腐らせずに保存することができるのだろうか。

ピータンを燻製（くんせい）食品と思っている人もいるだろうが、じつはそうではない。もっとじっくり時間をかけてつくられている。ピータンをつくるには、数か月の時間が必要なのだ。

新鮮なアヒルの卵を殻ごと石灰、茶葉、塩、炭酸ソーダ、黄泥を混ぜたもので包み、冷暗所で3、4か月間、密閉貯蔵する。

密閉貯蔵している間に、卵は自然に発酵、熟成し、あの独特の風味とうま味がジワジワと出てくるのだ。卵のまわりは殻で覆われているうえ、いろいろな素材で包まれているので、乾燥を防ぐこともできる。これが、ピータンの保存性の高さの秘密である。

しかし、いくら長持ちするとはいえ、熟成してから半年以上経てば、発酵がますます進んで、最終的には腐ってしまう。

なお、ピータンはアヒルの卵だけではなく、ニワトリの卵でもつくることができる。

じつはチョウザメだけじゃない〝キャビア〟の謎

ごく普通のレストランで、ランチの前菜にキャビアがついてきて、思わず「ラッキー！」と喜んだ人もいるかもしれないが、その味はいかがなものだっただろうか。

世界三大珍味に数えられるキャビアは、ご存じのようにチョウザメの卵を塩漬けにしたもの。舌ざわりはどこまでも柔らかく、とろけるような食感がするものだ。まさしく「ほっぺが落っこちちゃう」という味わいである。

しかし、意外な場所で出会ったキャビアは、膜がかたくプチッと卵を噛むような食感がしたのではなかろうか。それは、チョウザメ以外の魚の卵でつくられた〝キャビア〟が、大量に出回っているためである。

模造品には、タラやニシン、トビウオなどの卵が使われている。チョウザメのキャビアと同じように塩漬けにし、その後、調味液に浸けたり、着色されたものが市場に出回っているのだ。

欧米などでは、それらの模造キャビアは本物とは厳密に区別され、たとえばサケの卵（イクラ）の塩蔵品は「レッドキャビア」として売られている。値段は本物のキャビアと二ケタは違う。

本物と模造品の見分け方は、まず色をよく見ること。模造品のキャビアは、着色されて黒光りしているが、本物のキャビアは、くすんだねずみ色をしている。

「キャビアってそれほどおいしくもない」と思っている人は、ほとんどの場合、模造品を食べて、それがキャビアの味と思い込んでいるはずである。

プロは豚肉をこの5等級で格付けする！

とんかつ店など、豚肉を食べさせる店では、牛肉を食べさせる店のような肉をめぐる〝格付け〟をあまり目にしないものだ。でも、市場に出回る前には、豚肉も「日本食肉格付協会」が格付けを行い、「極上」「上」「中」「並」「等外」の5等級に分類している。

豚肉の格付けの基準は、大きく分けて「重さ」「外観」「肉質」の3つ。まずは、「重さ」に関しては、「豚の重量」と「背中についている脂肪の厚さ」の2つが測られ、格付けが行われる。

ここでいう豚の重量とは、背骨を中心に、半分に裂いたときの重さのことで、35キロ以上39キロ以下が「極上」。背脂肪の厚さは、1・5センチ以上2・1センチ以下が「極上」とされる。

次に審査されるのが、全体のプロポーションや肉づき、仕上げなど、外観にかんする4項目。「肉付き」は赤肉の割合を見るもので、赤肉が多いほうが上質とされる。「仕上げ」は、血抜きが充分におこなわれているか、汚染や損傷がないかを見るものだ。

その次に、脂肪や肉の色ツヤ、肉のキメ・しまりのよさなど「肉質」にかんする4項目について、格付けが行われる。

こうして、各項目をそれぞれ5等級に分けたあと、最終的な「極上」「上肉」「中肉」「並肉」「等外」という等級に分類されている。

しかし、この格付けは、プロがプロのために行うものであり、一般消費者が買い求めるスーパーの豚肉パックに表示されることはほとんどない。だが、プロの〝目利き〟を参考に、おいしい肉を選別するポイントがある。

ひとつは、肉の色が淡いピンク色であること。豚肉は鮮度の高いものほどピンク色で、時間が経過すると灰色に変化していく。また、赤身の多い肉もポイントが高い。豚肉には、疲労回復によいビタミンB_1、B_2が含まれているが、これらビタミンB群は、豚肉の赤身にたっぷり含まれているのである。

美味しいソーセージ作りに氷が欠かせないのは？

ふだん、ビールのお供は枝豆と決めている人でも、ドイツビールを口にすれば、やはり熱々のソーセージを食べたくなるだろう。ソーセージは、生肉や塩漬け肉を細かくしたものに、スパイスやハーブを加え、「ケーシング」と呼ばれる動物の腸に詰めたものだ。

本場ドイツには、1500種類ものソーセージがあるといわれるが、肉の種類や組み合わせるスパイス・ハーブを変えれば、レシピのバリエーションは無限大ともいえる。最近は、日本でも、手づくりソーセージに挑戦する人が増え、インターネット上には「ケーシング」の代わりに、ラップやセロハンを使った〝お手軽レシピ〟が多数紹介されている。

しかし、せっかく手づくりに挑戦しても、市販の安いソーセージにさえ遠くおよばない、なんとも残念な味のソーセージができあがってしまうことがある。失敗の原因はどこにあるのだろうか？　プロのワザをのぞきながら、解明してみることにしよう。

ソーセージづくりの基本は、赤身の肉と脂肪を混ぜることにある。赤身の肉に脂身を加えることで、ぱさつきがちな肉にジューシーなうまみが加わるのである。

もうひとつ、それらの肉を「練る」という作業が、おいしさのカギを握っている。フードプロセッサーがない場合、手で肉をこねることになるが、そのとき漫然と練っていると、手の温度で肉が温まってしまう。それが失敗のモトになる。

ソーセージは、噛んだときにジュワッと流れ出る肉汁の有無がおいしさを左右するが、手で肉を温めてしまうと、ジュワッと感がなくなってしまうのだ。そのメカニズムを説明しよう。

肉に塩を加えてこねると、ミオシンというたんぱく質が溶け出してくる。これに熱を加えると、ミオシン同士がつながって網目状の構造になり、肉のなかにジューシーな肉汁をしっかり閉じ込めることができる。

そうするには、じゅうぶんな練りが必要だが、練っているうちに温度が上がると、ミオシンが網目構造にならない。温度の上昇を避けるには、生クリームを泡立てるときのように、氷水を張ったボウルに肉を入れたボウルを入れて練って、10℃以下を保つのが、成功のひけつ。プロが「氷」を入れて肉を練るのは、その適温を求めてのことだ。

幻のアグー豚が〝復元〟されるまでのいきさつ

沖縄には、豚肉の煮込み「ラフティ」や、塩漬けのスーチカ、豚汁の「イナムドゥチ」など、独特の豚肉文化がある。ミミガー（耳）、テビチ（豚足）など、豚を余すところなく食べるのも、沖縄ならではの食文化だろう。

その食文化を支えてきた沖縄の在来豚が、〝幻の豚〟といわれるアグーだ。

アグーは、今から600年前に中国から伝えられ、飼育されてきた沖縄の在来種だ。日本では、仏教の普及とともに肉食が禁じられたため、本土から豚はほぼ姿を消したが、その間も、沖縄ではずっとアグーをはじめとする豚が飼育されていた。

アグーは顔が長く、耳が垂れていて、いかにも原種（猪）に近い容貌をしている。その豚が「幻」と呼ばれていたのは、絶滅の淵にあったからだ。

まず、アグーは、戦中の食糧難や豚コレラなどで激減。それに、戦後、発育のはやい外来種の豚が大量に導入されたことが、拍車をかけた。

小型で発育のおそいアグーは、経済的な理由からも数を減らし、いつの間にかほぼ姿を消していたのである。一時は18頭にまで減ったが、1990年代に入り、人々の手で戻し交配が行われるようになった。

アグーの血をひくと思われる豚や、やんばるの野山に野生化した〝山豚〟がわずかに生き残っていたため、雑種化を取りのぞく「戻し交配」が行われたのである。

こうして10年の月日をかけ、戦前に近い姿のアグー豚が復活した。とはいえ、現在でも原種の飼育頭数はわずかに1000を超える程度だ。

だから、現在、アグーとして売られている豚は、復元アグーそのものではなく、それを父系に、さまざまな種類の豚と交配されたもの。それでも、肉質に優れているうえ、コレステロールは外来種の4分の1。その一方、ビタミンB1やうまみ成分のグルタミン酸をたっぷり含み、ヘルシーポークとしての人気が高まっている。

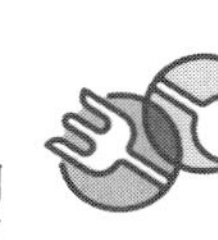

鮮度の高い美味しい挽き肉の見分け方

肉は、ある程度熟成の進んだいわゆる〝腐りかけ〟がうまいとされるが、挽き肉の場合は、できるだけ早く使ったほうがいい。肉を挽く際に、空気を多く含むので、そのぶん酸化しやすく、傷みやすいのだ。

ここでは、鮮度の高い、おいしい挽き肉を見分けるコツをお教えしよう。

挽き肉を買うときには、まず色をよくチェックしたい。きれいな赤色をしているのが、鮮度の高い挽き肉で、茶色に変色したものは酸化が進んでいる証拠。加えて、そのような劣化した挽き肉を置いている店は、他の肉にも注意したほうがいいことも覚えておきたい。

次のチェックポイントは、挽き肉が〝毛糸〟のようにきれいに挽かれているかどうか。もし、挽き肉の線が互いにくっついていたり、「く」の字のように、極端に折れ曲がっていたりしたら、肉を挽く機械（＝チョッパー）の調子が悪い証拠だ。

調子の悪い機械で挽いた肉は、余分な熱を受けて傷みが早くなる。したがって、そういう挽き肉を出す店は、避けたほうが無難といえる。

以上の2点が、挽き肉を買う際の必須チェック項目だ。だが、肉の良し悪しを見分けるための、最終チェックポイントがまだ残っている。挽き肉のそばに、ギョウザや春巻の皮が置いてあるかどうかを、確かめてみることだ。

このように、同じ用途に使う商品を同じ場所に並べることを、業界では「関連陳列」という。もちろん、ギョウザや春巻の皮と、挽き肉の鮮度との間に、直接的な因果関係があるわけではない。だが、客が材料をあちこち探し回らなくてもいいようにと工夫し、買い物をしやすい環境を整えている店は、いい商品を並べる努力もしている確率が高いとはいえそうである。

2

お客に言えない
食品売り場の裏話

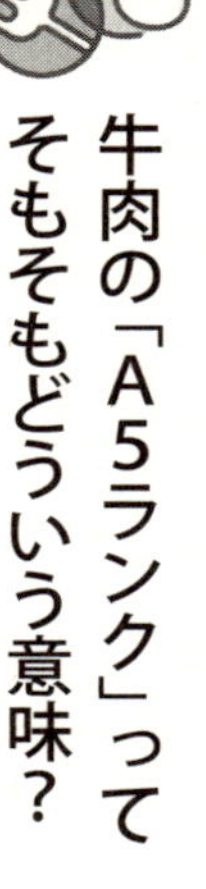

牛肉の「A5ランク」ってそもそもどういう意味？

牛肉をめぐる用語として、よく耳にするようになった「A5ランク」という言葉。ステーキ店や焼き肉店のチラシに踊る文脈から「高級」であることは察しがつくが、果たしてA5ランクとは、どのような品質の肉を指すのだろうか？

肉の品質をあらわす尺度として、日本食肉格付協会では、全国統一の「格付け」を実施している。格付けは「A、B、C」の英字と、「5、4、3、2、1」という5段階の数字、合計15区分で評価され、格付けされた肉には「A3」とか「B2」といった等級印が押される。

では、格付けに用いられている英字・数字は何をあらわしているのだろうか？

まず「A、B、C」の英字が示すのは、肉の「歩留まり」である。歩留まりとは、枝肉からとれる肉の割合のことで、枝肉は、頭や内臓、四肢の先端を取り除いた骨付きの肉のこと。その枝肉から部分肉に解体する際、骨や皮下脂肪がはずされるが、そのロスが少ないほど、「良」と判定される。

一方、「5〜1」という数字で評価されるのは、肉質の等級。評価されるのは、脂肪交雑、肉の色沢（しきたく）、肉の締まりやキメ、脂肪の色沢と質の4項目。「脂肪交雑」とは、牛肉の霜降り度合いを示すもの。肉の色沢とは、色合いや光沢のことで、目安となるカラーチャートがあり、それらをもとにして、検査員が肉眼で判断している。

また、肉の締まりやキメについては、5＝締まりがかなりよく、きめがかなり細かい、4＝締まりはややよく、きめがやや細かい、3＝締まりときめが標準、2＝締まりときめが標準に準ずる、1＝締まりが劣る、またはきめが粗い、という基準で判断される。

結果、もっともよい肉質と評価された「A5ランク」は、歩留まりがよく、肉の締まりやきめもよく、霜降り具合も良好で、色合いや光沢も申し分ないと評価された高品質の牛肉というわけである。

サバ缶の値段がけっこうバラバラなワケ

今、かつてないサバ缶ブームが起きている。

テレビの情報番組が、サバ缶の栄養価の高さや健康・美容効果を紹介したことをきっかけにして、売り上げが急伸しているのだ。

たしかに、サバ缶は、必須脂肪酸のＥＰＡ（エイコサペンタエン酸）やＤＨＡ（ドコサヘキサエン酸）をたっぷりと含んでいる。ともに、脳の活性化、生活習慣病の予防、ダイエットなどにも効果があることが知られるようになって、人気が高まったのだ。

さて、そのサバ缶、１缶１００円台のものから、５００円くらいするものまで、値段にかなりのバラつきがあるもの。リーズナブルなものと高級サバ缶では、どこがどう違うのだろうか？

まず違うのは、原料となるサバのサイズである。原料となるサバの多くは、マサバかゴマサバ。大手メーカーなどでは、サバの旬の秋から冬にかけて、北部太平洋で漁獲した冷凍サバを大量に確保、１年を通してサバ缶をつくれるようにしている。

工場では、そのサバを解凍後、サイズ別に選別していく。その際、大きなサバは高級サバ缶用に回され、普通サイズ以下は低価格帯用に使われる。むろん、大きめのサバのほうが、脂がよくのり、美味だからである。

次に、サバ缶の値段を分けるのは、製造工程をどこまで手作業で行うか。サバは解凍後、缶に入るサイズにカットし、缶に詰めることになるのだが、その作業を手作業で行うと値段が高くなり、機械で行うと値段が安くなる。手でカットし、手で詰めたほうが、身くずれなどを防止できるが、当然ながらその分、コストはアップするからである。

その後の製造工程は、値段の高いものも安いものも共通で、調味料を加え、空気を抜いたあと、缶を締め、密封。加熱殺菌したうえで、缶に印字、箱詰めのうえ、出荷されている。

冷凍ピラフは、どうやって米をパラパラに凍らせているのか

ご存じのように、同じ米でも、日本の米と、東南アジアで食べられている米では趣きがかなり違う。

「ジャポニカ米」と呼ばれる日本の米は、炊きあげると粘り気が出るが、「インディカ米」と呼ばれる東南アジアの米は、粘り気が少なく、炊いてもパラパラに近い状態

になる。タイやインドネシアなどで、インディカ米を食べた人もいるだろうが、ピラフやチャーハンにすると、インディカ米のほうがおいしいという人が少なくない。

じっさい、日本で売られている冷凍ピラフや冷凍チャーハンでも、調理ずみのお米がパラパラした状態で冷凍されている。そのほうがフライパンで炒めやすいし、食べてもおいしいからだ。

ジャポニカ米の場合、家庭で残りご飯を冷凍しても、くっついてしまい、パラパラにはならない。市販の冷凍ピラフが、ジャポニカ米であるにもかかわらず、パラパラになっているのは、メーカーの技術革新のたまものだ。その方法は様々あるが、たとえば「吹き上げ空中冷凍法」という技術がある。

これは、まず炊いた米をメッシュ状のベルトコンベアに流し、メッシュの隙間から、マイナス30～40度の冷気を勢いよく噴射するというやり方である。

すると、コンベアの上の米粒は空中に噴き上げられ、1粒1粒がバラバラになった状態で、一瞬にして凍りつく。こうして、冷凍ピラフやチャーハンは、お米がバラバラになるのだ。

もともとこの方法は、冷凍のグリーンピースが互いにくっつかないようにと、アメリカで開発された技術。そのワザがお米にも応用されている。

研がなくても食べられる〝無洗米〟の秘密

「無洗米」は、名前のとおり、研がなくても（洗わなくても）炊ける米のこと。従来の白米に比べて、①研がずに炊けるので手間がかからない、②環境に優しい、③ビタミンが豊富——という特長をもっている。

最近は、水を入れるだけで炊けるという便利さがうけ、米を大量に使う外食産業用に加えて、家庭用の売上げも増えている。

無洗米が環境に優しいといわれるのは、米のとぎ汁にはリンや窒素が多く含まれているため、そのまま流すと海や河川を汚染する恐れがあるからだ。その点、無洗米はとぎ汁を出さないので、環境に優しいといえるのだ。

また、ビタミンが豊富なのは、米を研ぐときに水と一緒に流れ出るビタミンB_1やナイアシンが、そのまま残るというメリットがあるためである。

では、なぜ無洗米は研がずに炊けるのだろうか？

そもそも、ご飯を炊く前に米を研ぐのは、白米の表面に付着した米ぬか（肌ぬか）を洗い流すためだ。肌ぬかがついたままの状態で炊くと、ご飯につやがなく、舌ざわりも香りも悪くなってしまう。しかし、肌ぬかは普通の精米機では取り除くことができない。

一方、特殊な精米機にかけ、肌ぬかを取り除いたものが無洗米だ。すでに肌ぬかを落としてあるので、研がずに炊けるというわけだ。

肌ぬかを取る方法は、白米の表面に付着した粘着性の高い肌ぬかを、同じように粘着性をもったぬかで、はがすように取り除くという方法。これは、ガムテープをはがした跡をガムテープで取るとキレイに取れるのと同じ原理だ。

このほか、少量の水分で肌ぬかを洗い流してから乾燥させる方法もある。

ちなみに、無洗米を炊くときは、普通の精米を炊くときよりも、10％ほど水を増やすのがおいしく炊くコツ。同じ1合の米でも、無洗米は肌ぬかを落としてある分だけ量が多いことになり、通常の水量では硬く炊きあがるためだ。

また、家庭で保存するときは、1か月以内で食べ切るか、それを過ぎる場合は冷蔵庫で保存するといい。

レトルトカレーにエックス線検査が欠かせないのは？

いまや、どこの家庭にも、レトルトカレーの１つや２つは常備されているのではないだろうか。

カレーが大好きという人から、ゆっくり料理を作るヒマがないという人まで、手軽に用意できて、おいしく食べられるレトルトカレーは重宝するが、このレトルトカレー、製造の最終段階で、「X線」による検査を受けていることをご存じだろうか。

レトルトカレーは、まず用意した食材をつかって、カレーソースと具材を作る。そして、レトルトパウチに、１食分のカレーソースと具材を入れて、中の空気を追い出して密封し、１２０℃ほどで30分間、加圧殺菌する。加熱と加圧を同時に行うことで、パウチの中に残った空気が膨張し、破裂することを防いでいるのだ。

また、加圧することで、水蒸気の温度を１００℃以上に上げ、殺菌力をアップさせている。

その後、釜の中で冷却すると、パウチの袋がしっかり閉じているかどうかがチェックされる。さらに、賞味期限を印字すると、最後に「X線検査」が行われる。

これは、異物が混入していないかどうかのテストで、X線を使うのは、パウチが不透明なため、中が見えないからである。袋の上から触ってチェックすると、せっかくの具材がつぶれかねないので、X線を用いるのだ。

X線で、袋の中に機械のネジとか、小さな部品などが混入していないことが確認されてから、晴れて出荷されることになる。

梅干しがどんどん甘くなっている裏事情

その昔、梅干しは味噌同様、ほとんどが自家製だった。「手前味噌」は、自分の家でつくった味噌が一番おいしいということに由来する言葉だが、最近では、味噌も梅干しも、スーパーで買ってくる商品となっている。

ところが、その市販の梅干しに対する評価の中には、相当厳しい声もある。お菓子のように甘くなって、梅干し本来の持ち味である強い酸味を失ったという人が中高年世代には多く見受けられるのだ。

現在、市販されている梅干しは二つのタイプに分けられる。「梅干し」と「調味梅干し」である。

梅干しは単純に梅漬けを干したもの。それに対して、調味梅干しは、梅干しに糖類、食酢、梅酢、香辛料などを加えたものである。

そのうち、評判が芳しくないのは、近年、増えてきた調味梅干しのほうである。調味梅干しは、手づくりの梅干しに比べると、酸味も塩分もかなり少ない反面、手づくり梅干しの30倍近くの糖分を含んでいる。

そのため、手づくり梅干しの酸っぱさを知る世代には、調味梅干しには見向きもしない人がいる。そのいっぽうで、梅干し本来の味を知らないで育った若い世代は、すでに調味梅干しの甘い味に慣れ親しんでいる。こうして梅干しの世界でも、本来の味が忘れられ、あとからつくられた味が当たり前のものになりはじめている。

ハチミツが腐らないというのはどこまで本当？

人類が初めて口にした甘味類とみられるハチミツ。パンにつけたり、紅茶やレモネードに入れて食するのはもちろん、ビタミン、ミネラルが豊富であることを考えれば、健康食品として摂るのもいい。

しかも、このハチミツ、半永久的に腐らないとされている。ウソのようなこの話、はたして本当だろうか？

次のような実験が行われたことがある。まず、糖度75％のハチミツと、水で薄めて糖度を20％に下げたハチミツを、ビーカーに用意する。次に、この二つのビーカーそれぞれに、細菌の代表として酵母菌を入れ、保温室に置く。

こうして待つこと12時間、二つのビーカーの中で、酵母菌がどれだけ増殖するか調べてみたところ、増殖具合にはっきりとした違いが現れた。

まず、水で薄めたハチミツのほうは、全体が泡立った。酵母菌が働いて、発酵が進んだためである。一方、ハチミツをそのまま入れたビーカーには、まったく変化が生じなかった。

さらに、顕微鏡を使って詳しく観察すると、75％のハチミツのほうでは、酵母菌が仮死状態になって、まったく動く気配がなかった。一方、水で薄めたハチミツでは、酵母菌の活発な動きが確認できた。

以上の実験結果からすると、どうやら「ハチミツは腐らない」という話は本当のようである。では、そもそもなぜ、ハチミツの中では、細菌が増殖できないのだろうか？

これは、ハチミツ特有の、あのとろりとした粘りと関係している。ハチミツの粘りというのは、ミツバチどうしが、ミツを巣の中で口移しで渡したり、羽であおいだりするうちに、水分が飛ばされた結果生じるもの。

加えて、ハチの巣の中は、一年中35度くらいのに保たれているため、巣に貯蔵されたミツからは、さらに水分が蒸発していく。こうして、ハチミツは、その中で細菌が動けなくなるほどに濃縮されるわけである。

赤みそと白みそのつくり方は、実際、どれくらい違うのか

おふくろの味の代表格であるみそ汁も、インスタント食品として売られる時代になった。とはいえ、みその味が画一化されたわけではない。産地や銘柄によって、いまでもさまざまな種類のみそが売られているし、赤みそと白みそでは、色も違えば風味

も違う。

赤みそも白みそも、主原料は大豆、こうじ、食塩の3点セット。大豆にこうじ菌といわれるカビの一種を入れて、食塩をまぜて樽に詰め、一定期間熟成させるとみそができあがる。

では、同じ原料を使う赤みそ、白みその色の違いはどこで生じるのだろうか。

まず、一つは製法の違いがある。赤みそは大豆を蒸してつくるが、白みそは大豆をゆでてつくるのである。大豆は蒸したときにはアミノ酸が残るが、ゆでるとアミノ酸はゆで汁に流れ出る。アミノ酸は、熱を加えると、糖分と結びついて褐色に変わる性質を持っているため、アミノ酸が残っている蒸した豆からつくるみそは赤い色になる。一方、ゆでた豆でつくるみそは、アミノ酸が流出しているため、白いみそになるというわけだ。

また、みその色は、大豆の量によっても左右される。大豆の量が多いほど色が濃くなり、米こうじや麦こうじが多いと白くなる。豆こうじを使った名古屋の赤みそが、ほとんど真っ黒に近いような色をしているのは、米こうじや麦こうじを使っていないためだ。

また、味の面では、赤みそは辛口みそ、白みそは甘口みそともいわれるが、これは塩分濃度の違いによるもの。赤みそは塩分が10〜13％と濃く、熟成には半年〜3年ほどかかるが、保存性は高い。

一方、白みその塩分濃度は5〜6％ほどで、熟成期間は短く、保存性が低いという違いがある。

ちなみに、東南アジアや中国にも、みそに似た食品がある。しかし、その多くはこうじ菌ではなく、クモノスカビという菌を使ったもの。つまり、みそは日本独自の食品なのである。

最近4個パックのヨーグルトが増えている裏事情とは？

スーパーのヨーグルト売り場に行くと、かつて主流だった3個入りパックが減り、4個パックのものが増えている。その背景には、3個よりも、4個のほうが、容器代が割安になることがある。

おなじみの3個パックの場合、容器3個を台紙に1列に並べ、それをフィルムで包んで売られている。一方、4個パックは、4個が縦横2個ずつ並んだ正方形の状態で店頭に並べられている。数でいえば1個違うだけだが、このフォーマットの違いにより、両者では容器コストが大きく変わってくるのだ。

3個パックは、ヨーグルトを1カップずつつくり、それらを並べてフィルムに包んでいるため、それだけの材料費や手間が必要になる。それに対して、4個パックは、大きなプラスチック板を多数の容器が並ぶような形に成型し、そこにヨーグルトを注いでフタを貼ったものを4個ずつに切り離せばいい。フィルムで包む必要もないため、1個あたりの容器コストは、3個パックよりも3割は安いとみられる。その分、4個パックの価格をおさえても、メーカーは十分に採算がとれるのだ。

また、4個パックが増えたのは、ヨーグルトを食べる習慣が日本の家庭に根づいたこともある。かつて、ヨーグルトは毎日食べるものではなく、ときどき食べる嗜好品だったが、近年は朝食時などに毎日食べるという人が増えている。そういう家庭では、4個パックでもすぐに食べきってしまうので、1個当たりの値段が安い4個パックを選ぶ人が増えているのだ。

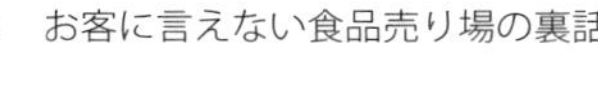

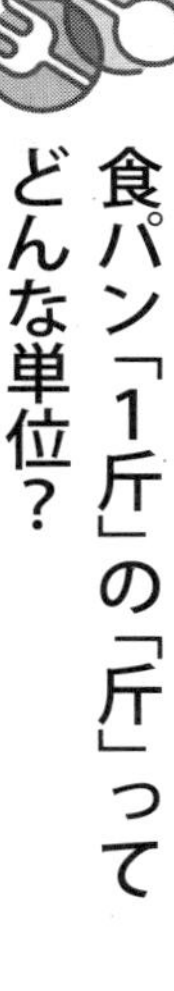

食パン「1斤」の「斤」ってどんな単位？

「食パン」という呼び名は、明治初期、山型のパンが販売されたときにつけられた名。その由来は、「主食用のパン」という意味だった。

そのころから、食パンを買うときには、「1斤ください」といわれてきた。この「1斤」、食パンの大きさのことと思っている人がいるかもしれないが、じつは重さのことである。現在は「３４０グラム以上」とされているが、もともと1斤とは「1ポンド（約４５０グラム）」のことをいう。

日本で食パンが販売され始めた明治初期、食パンの焼き型はアメリカやイギリスから輸入されていた。その焼き型で作った食パンの重さが「1ポンド」だった。「1ポンド」は、漢字で書くと「1听」となる。

ところが、当時、日本で広く使われていた尺貫法に、「1斤（約６６０グラム）」という単位があった。本来はまったく別物だが、音読みが同じだったため、これを「1ポンド（約４５０グラム）」の「1听」と混同して、やがて、「1斤」と書くようになる。それでも、戦後しばらくまでは、パン職人の間では、「1斤」とは「1ポンド（約450グラム）」というのが常識だった。

しかし、戦後になって、いろいろなサイズの焼き型が出回るようになり、やがて「食パン1斤」は、単に焼き型一つ分を指すようになった。そして、その重さは、いつの間にかマチマチになってしまったのだ。

そこで、2000年に、包装した食パンに関しては、公正競争規約で340グラム以上と決められた。現在では、一つの焼き型で焼いた食パンで、340グラム以上のものを「1斤」と呼ぶようになった。

ただし、この340グラムという基準は、現在売られている食パンの量を調査して出されたもの。昔に比べて、食パン1斤はずいぶん小さく、軽くなったことになる。

外から見えないカップ麺の意外な仕掛け

カップ麺の人気の秘密はお湯を注ぐだけでおいしく食べられる、その手軽さにあるだろう。鍋などの調理器具をいっさい使わなくても、おいしく食べられるのは、むろんカップ麺の容器や麺に、さまざま工夫が凝らされているからである。

その工夫は、大きく分けて二つある。まず一つは、カップ麺の麺の塊が、容器の底の部分までギッシリ詰まっていないこと。容器の上下には空間があいていて、麺は宙づりの状態でその間におさまっている。そうすると、衝撃によって麺が折れることもなく輸送できるうえ、カップの強度も強くなるのである。

また、カップの下に空間があいていると、お湯を注いだとき、底のほうに熱湯がたまるため、麺が下のほうからもまんべんなくほぐれ、食感が一定になるのだ。

もう一つ、麺そのものにも工夫が凝らされている。カップから麺を取り出して観察してみるとわかりやすいのだが、カップの上の部分と下の部分では、麺の密度が変えられている。具体的にいうと、上ほど密度が高く、下にいくほどまばらになっているのだ。それが、麺の湯戻りを早くする秘訣なのだという。

沖縄黒糖を名乗れるかどうかの基準とは？

かつて、「黒糖」といえば沖縄土産だった。お土産にもらうと、小さなカケラを飴のように口に入れてなめたものだ。

ところが、最近では全国的に台所の常備品の一つになりはじめている。ふだんの料理に黒糖をつかっているという家庭も増えているが、近年は、そんな黒糖人気につけこんで、まがいものも売られているので、注意が必要だ。本物の「沖縄黒糖」は、沖縄県黒砂糖協同組合が管理している、黄色地に緑のサトウキビの図案を描いた「黒糖マーク」がついているので、確かめてから購入したい。

黒糖は、1月〜3月に収穫したサトウキビの搾り汁を釜に入れ、ひたすら煮詰めたもの。糖分の結晶を糖蜜から分離、精製する工程がないので、糖蜜の成分をそのまま残している。

そのため、豊富なアミノ産をはじめ、カリウムやカルシウム、鉄分などのミネラル、ポリフェノール、美白効果があるというアルプチンなどを含み、独特の栄養分とコクをあわせ持っている。

沖縄黒糖は1623年、「琉球五偉人」の一人である儀間真常(ぎましんじょう)が、中国の福建省から伝えられた技術によって製造したのが最初とされる。その後、黒砂糖は琉球王国の経済を支える重要な生産物となってきた。

ところが、1990年代、黒糖人気が急上昇したため、砂糖などを追加した「再加工黒糖」や外国産原料を使った黒糖が出回るようになった。外見は同じでも、成分や風味、食感が、本来の沖縄黒糖とは大きく違うものも増えていった。

危機感を覚えた沖縄では、2000年（平成12）、沖縄県黒砂糖協同組合を結成。沖縄黒糖ブランドの管理につとめている。

豆腐をつくるのになぜ〝にがり〟が使われなくなったのか

冷奴（ひややっこ）でよし、湯豆腐にしてもよし。さらには、麻婆豆腐、揚げ出し豆腐、豆腐ハンバーグ、そしてスキヤキや味噌汁の具としても大活躍の豆腐。最近では、ヘルシー食品として欧米での人気も定着してきている。

「畑の牛肉」とも呼ばれる豆腐は、むろん大豆から作られている。まず、大豆を丸一日ほど水につけて吸水させ、約2倍に膨（ふく）らんで芯まで白くなると、磨砕機で砕き、「呉（ご）」と呼ばれる状態にする。これに、消泡剤と水を加えて加熱した後、呉をしぼって得られる液体が「豆乳」である。

さらに、豆乳がまだ熱いうちに凝固剤を加えると、豆乳がプリン状に固まる。それを切り分けて水にさらしたものが、「絹ごし豆腐」である。また、水にさらさず、そのますくったものが「寄せ豆腐」で、内側に布を敷いた型に入れ、水分を抜いたものが「木綿(もめん)豆腐」だ。

豆腐作りの最後の工程に欠かせない凝固剤は、戦前と戦後では違ったものが使われている。

戦前は「にがり」が使われていた。にがりは、塩と同じく海水から抽出したもので、主成分の塩化マグネシウムの純度を高めたものである。そのにがりを凝固剤として使うことで、大豆の甘みが引き立ち、味がよくなるといわれていた。

ところが、太平洋戦争中、にがりは禁制品に指定される。航空機の原料であるジュラルミンの需要が高まり、ジュラルミン製造に欠かせないマグネシウムを確保する必要から、政府が豆腐用のにがりまで使用を禁じたからである。

そのため、豆腐作りには、硫酸カルシウムが代用されるようになった。使ってみると、にがりより豆腐がゆっくり固まり、製造が楽になったことから、戦後も引き続き硫酸カルシウムが使われた。こうして、凝固剤が本来の「にがり」から硫酸カルシウムへと変わったのである。

現在は、工業化された塩化マグネシウムの純度の高いものなどが使われている。一部には「にがり使用」をうたう製品もあるが、塩田から生産される昔のにがりを使っているところは、いまではほとんどない。

スーパーの〝惣菜〟が店頭に並ぶまでの裏のウラ側

最近は、家庭の主婦にも、おかずはスーパーで調達、子どものお弁当もスーパーのお弁当を買ってきて詰め替えるだけという人が増えているそうだが、そんな主婦が「今日は、気分を変えて、隣りの駅前のスーパーで」と購入先を変えてみても、お惣菜の味が一緒だったということがある。

近年、スーパーの店頭に並んでいるお惣菜やお弁当の製造は、外部の業者に委託するケースが増えているからである。

チェーン店数の多いスーパーはもちろん、個人経営のような小さなスーパーでも、最近は、ほとんどのお惣菜や弁当のおかずは、調理工場で作られている。スーパーの調理場でも仕上げの調理が行われているが、ごく簡単な作業のみになってきている。

たとえば、おにぎりやいなり寿司、にぎり寿司、太巻きは、工場で作られたものが届けられ、スーパーでは、それをパックに詰め替えるだけのことが多い。おにぎりやいなり寿司は、以前はスーパーの店内でパートの主婦たちが作っていたが、いまや作っているのは、工場のおにぎり製造機やいなり寿司製造機である。

また、ポテトサラダやきんぴら、ひじきなどのお惣菜も、工場で大量に作られ、各スーパーへ届けられている。スーパーでは、それらを少量ずつパックに詰め分けたり、お弁当に入れたりして店頭に並べているだけである。

フライやコロッケ、天ぷらといった揚げ物は、パン粉やコロモをつけた状態で届くので、それをスーパーの調理室で揚げて店頭に並べている。焼き魚も、下ごしらえをした状態で届くので、焼いて店頭に並べるだけである。

最近は、揚げ物に加えて、焼き魚も、台所が汚れたり、臭いがつくからと敬遠する主婦が増えている。そんな主婦が、気分を変えようと購入するスーパーを変えてみても、委託する調理工場が同じなら、味はほとんど変わらない。

結局、「三元豚」ってどんな豚？

近年、スーパーなどでは「三元豚」という名を目にすることが少なくない。この「三元豚」、「イベリコ豚」や「アグー豚」のようなブタのブランド品種名かというと、そういうわけではない。三元豚は、品種つまりは〝血統〟の優秀さを表す名ではなく、むしろその豚が〝雑種〟であることを表すネーミングだ。

豚には、世界で400種といわれる品種があり、それぞれ味や育てやすさなどが異なる。味はよいが病気になりやすい品種があれば、繁殖性は優れているが肉質は劣る品種があるという具合だ。三元豚とは、そのような特徴の異なるさまざまな品種の豚を交配させ、長所を兼ね備えるようにつくった雑種豚の総称なのだ。

「三元」という名は、3世代にわたる交配を行なうことを表している。まず、種の異なる純血種同士を交配させ、両者の長所を合わせもつ雑種の豚をつくる。その豚と、さらに別の純血種の豚を交配させたのが三元豚だ。三つの純血種それぞれのよい点をもつ豚というわけだ。

どのような品種をかけ合わせるかは目的によってさまざまだが、一例を挙げると、繁殖性に優れた「ランドレース種」と、産肉性の高い「大ヨークシャー種」を交配させ、そうして生まれたハーフの豚と、霜降り状の肉ができる「デュロック種」を交配させる。これで繁殖性、産肉性、肉質がいずれも優れた豚ができあがる。

三元豚に使われる品種には右記の3種のほか、肉質のよい「バークシャー種」、繁殖性に優れた「梅山（メイシャン）種」などがある。消費者の好みや経済性を計算しながら、養豚家はさまざまな三元豚を誕生させているのだ。

安価な肉を〝霜降り〟に変える技術とは？

霜降り牛肉というと、100グラム1000円以上することも珍しくない。そんな霜降り肉が驚くほどの安値で売られていたら、「霜降り加工」されたものと疑ってみたほうがいい。霜降り加工とは、外国産の安価な牛肉に食用軟化剤や牛脂を注入し、霜降り肉のように加工することだ。

食肉用軟化剤は、肉質を硬くするコラーゲン繊維をアミノ酸に分解し、うまみに変える添加物だ。この食用軟化剤と牛脂を乳化剤で乳化させ、牛肉に注入するのだが、そのさい、和牛の牛脂を使うと、硬い輸入肉も、軟らかくておいしい日本人好みの〝霜降り牛肉〟に〝変身〟する。

霜降り加工肉は、「インジェクションビーフ」とも呼ばれている。インジェクションとは、英語で「注入」という意味だ。

霜降り加工されるのは、牛肉だけではない。馬肉も同様で、馬刺し用の肉に馬脂を注入するケースが多くなっている。馬肉の場合、消費量がさほど多くないので、霜降り肉をとれるように馬を肥育するケースは少ない。そこで、〝霜降り馬肉〟を提供するために馬脂を注入することになるのだ。

薄切り肉だけでなく、ステーキ肉も加工してつくることが可能だ。よく知られているのがサイコロステーキで、すね肉や内臓肉などの安い肉をミンチ状にして、結着剤で固めてつくられている。結着剤には牛乳由来のカゼインナトリウムのほか、大豆由来のもの、紅藻類から抽出したカラギーナン、卵白などが用いられている。さらに味を整えるため、上質の牛脂、食塩、コショウなども加えている。

似たような方法で、一枚物のステーキ肉をつくることも可能だ。やはり、すね肉や内臓肉など安価な肉を用い、軟化剤で軟らかくしてから柱状の容器に入れる。そこに和牛の脂身と結着剤を入れ、四方からプレスしてブロック状の塊をつくる。この塊を適当な厚さにスライスすれば、一見ステーキ風の肉ができあがるのだ。

刺身のイカと天ぷらのイカの違いはどこにある?

刺身に天ぷら、フライに炒め物、ワタは塩辛に、イカ墨はパスタ料理にと、捨てるところのないイカは、日本人がもっとも好む魚介類のひとつ。かつては世界の水揚量の約半分は日本で消費していたのだから、日本人のイカ好きは並ではない。

ただ、イカはひじょうに種類が多く、日本近海でとれるものだけでも約100種類にものぼる。

そのため、どのイカがどのような料理に合うか、いまひとつわかりにくい。そんな人のために、イカの肉質に合った食べ方を紹介しておこう。

イカは、コウイカを代表とする広い甲をもつ「コウイカグループ」と、細長い筒状の体をした「ツツイカグループ」に大別できる。一般に、コウイカグループのイカは肉厚で柔らかいので、天ぷらやイカ焼によく合う。

一方、ツツイカグループは身が薄く、ひきしまっているので、火を通すと固くなりやすい。だから、刺し身や寿司ネタに向いている。

肉質にそのような違いが生じるのは、海中での生態が違うからである。コウイカは、甲が浮き袋の役目を果たすため、筋肉を酷使して泳ぐ必要がない。

一方、ツツイカグループは甲がないので、つねに泳いでいなければ沈んでしまう。そのため、筋肉質なのである。

では、ポピュラーなイカは、どちらのグループに属しているのだろうか。まず、ツツイカグループのうち、漁獲量の80％を占めるのは、スルメイカである。刺し身にしてもうまいが、わたが大きいので塩辛を作るのに最適だ。

大型のヤリイカも、ツツイカの仲間。ヤリの穂先を思わせる細長い姿をしていて、肉は引き締まっているが適度にやわらかい。さらに、巨大な体をもつアオリイカも、刺し身にすると美味で、値段も高い。

一方のコウイカグループの代表格は、コウイカとモンゴウイカ。肉厚な身は刺し身にしてもおいしいが、天ぷらやイカ焼にすると、旨味がさらに引き立つ。

なお、焼くときは、薄皮を丁寧に剥がし、切り目を入れておくと、身がくるりと反り返るのを防ぐことができる。

カツオが カツオ節になるまでの長い道のり

パック入りの削り節が「にんべん」から発売されたのは、1969年のこと。以降、各社がパック入りのカツオ節をこぞって販売し、日本中に普及した。

それまで、カツオ節は家庭でシャシャカ削るものだったのだから、「削り節パック」の登場で、日本のお母さんの炊事は、ずいぶんと楽になったことだろう。

その分、ありがたみが薄れ、今では「便利に使えるダシのもと」くらいの扱いになっているが、カツオ節になるまでの製造工程には、気の遠くなるような作業が必要だ。

その工程を駆け足で追ってみると、まずはカツオの大きさによって身を3枚～4枚におろし、徐々に温度をあげながら煮る。

煮上がったら、身から小さな骨を取りのぞき、蒸しカゴに並べて炉に入れ、ナラやクヌギをつかった薪で炊いて乾燥させる。

これは「焙乾」と呼ばれる工程だが、大ざっぱにいえば「燻製（くんせい）」のような作業と思っていい。

この段階でできたものが「なまり節」で、それを再び焙乾して一晩置く。という作業を十数回繰り返してできたものが「荒節」。削り節に加工されるのは、この荒節である。

料亭などで使われているカツオ節は、荒節の表面を削って「裸節」にしたものに、さらにカビ付けをする。

「なぜ、カビ？」と不思議に思うだろうが、これにも理由があるのだ。

話は江戸時代にさかのぼる。当時、船でカツオ節を運ぶ最中に、カツオ節にカビがつくことがあった。

ところが、カビがついたもののほうが、長持ちするうえに香りもよくなった。それで今では、わざわざカビ付けという工程を設けているのである。

じつはカビには、カツオの水分を蒸発させて、うま味エキスを凝縮し、脂肪分を減らすという効果がある。カツオだしが透明で脂が浮かないのは、カビが脂肪分を分解するからである。

こうして、カビづけを繰り返したものが「枯れ節」で、さらに熟成を重ねた高級品の「本枯節」になると、完成までに1年もかかることがある。高級料亭で、吸い物や煮物を賞味する機会に恵まれたら、カツオ節の長い製造工程を思い浮かべて、しみじみ味わってほしい。

もし海苔に〝当たり外れ〟があると感じたら……

決して料理の主役になることはないが、ごはんのお供やトッピングに欠かせない海苔。同じ海藻の仲間でも、ワカメやコンブとはまた違ったうま味があり、ぷーんと漂ってくる磯の香りがたまらない。

しかし、海苔ほど〝当たり外れ〟のある食べ物も少ない。味や風味のよくない海苔は、明らかに〝粗悪品〟だが、香りのよい高級海苔でも「なんか、好みじゃないなァ」と思ったことはないだろうか。

おそらく、その違いは「歯ごたえ」や「歯ざわり」だろう。海苔には、噛み切りにくいものと、パリっとすぐに砕ける海苔がある。

前者は、噛み切りにくいだけでなく、口のなかに入れてもなかなか溶けずに残っているし、後者は口に入れたとたん、溶けてしまう。

パリパリした海苔と、噛み切りにくい海苔、それぞれの構造を調べてみると、2つの海苔には細胞間を埋めている食物繊維の比率に違いがあることがわかった。

食物繊維には、水に溶けやすい性質のものと、水に溶けにくい性質のもの2種類があり、パリパリした海苔は、水に溶けやすい食物繊維の比率が多く、噛み切りにくい海苔には、水に溶けにくい食物繊維の割合が高かったのである。

この違いは、海苔の生育環境の違いによるものと見られている。パリパリした海苔は、海面に近い場所に固定された網で養殖されるため、潮の満ち引きで海面から出ることもある。一方、噛み切れない海苔はずっと海中で育つ。

このため、海中でずっと育つ海苔は、海水に溶けないように食物繊維の比率を変え、海に出たり入ったりする海苔は、海上で干からびないよう保水力を高めていると考えられている。

どちらの海苔が好みかは個人差だが、パリパリした海苔は、鉄火巻きやカッパ巻きなどパリっとした歯ごたえを楽しむ料理に向いている。

噛み切りにくい海苔は、時間が経っても水に溶けにくい性質から、ノリ弁やラーメンのトッピング向きと言えそうだ。

近頃、海苔の値段が上がっているのは？

現在、海苔のおもな生産地は、福岡、愛知、三重、佐賀、千葉あたり。ところが、ここ数年、いずれの産地でも、養殖海苔の凶作が続いている。海苔の長さが短くなり、生産量が落ちているのだ。そのため、海苔を養殖する海苔漁師の廃業が各地で相次いでいる。

具体的な数字を上げると、21世紀の初めの２００１年、海苔の出荷量は約１０７億枚だったが、それが２０１８年には約64億枚にまで落ち込んでいるのだ。なお、海苔1枚とは、21㎝×19㎝のサイズを意味する。

むろん、供給が40％も減れば、その分、値段は上がっていく。２００８年頃は1枚9円弱だったものが、２０１８年には約13円にまで上昇している。

凶作がつづく原因は、やはり地球温暖化の影響で、海水温が上がっていることにあるとみられる。とりわけ、養殖を始める秋になっても、水温が下がらないことが、海苔の生長に悪影響をもたらしていると考えられている。

また、ここ20年ほど、下水の処理能力が大幅にアップし、海水が〝きれい〟になったことも、海苔の生長には悪影響を与えているという見方もある。海水がきれいになったということは、それだけ水がすみ、栄養が乏しくなったということでもあるのだ。

スーパーの野菜に消費期限が表示されていないワケ

スーパーで売られている商品のほとんどには、消費期限や賞味期限が表示されている。缶詰やレトルト商品はもちろん、肉や魚、貝類にも、パックに日付入りのシールが貼りつけられている。

ところが、野菜だけは、消費期限も賞味期限も明示されていない。おそらく、消費期限つきの大根やトマトを見た人はいないだろう。

その理由は単純で、野菜の場合、自分の目で見て消費期限を判断できるからだという。

もともと食品衛生法が、消費期限や賞味期限の表示を義務づけているのは、「その商品の変化の程度が見た目で判断しにくいもの」である。

たとえば、肉や魚、貝類は、どれくらい悪くなっているか、見た目では判断しにくい。「大丈夫だろう」と思って食べたら、予想以上に細菌が繁殖していて、お腹をこわすこともありうる。まして、缶詰やレトルト食品の場合は、じっさいに食べてみないと、いたんでいるかどうかわからないことが多い。

一方、野菜は鮮度が落ちてくると、変色したりしおれたりする。さらに時間が経つと、黒ずんだりべとついたりしてくる。

消費者が、見た目で「もう食べられない」と判断できるので、消費期限も賞味期限も表示されていないのである。

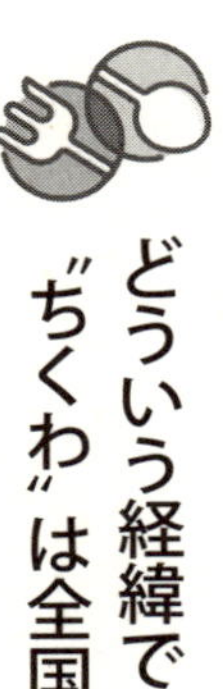

どういう経緯で〝ちくわ〟は全国区になったのか

給食で人気の磯辺揚げをはじめ、きゅうりやチーズを〝穴〟にいれておつまみにしたり、おでんなどの煮物にも使われる「ちくわ」。かまぼこ同様、日本の食卓に根づいているおなじみの魚肉練り製品だ。

そのちくわの発祥の地は宮城県だとみられる。

ちくわ誕生の経緯はこうだ。明治時代の前半、気仙沼に住んでいた菅野留野助が、「新しいかまぼこを作ろう」と兄の庄五郎に声をかけた。

すでに、かまぼこは、ヒラメや鯛などの大漁が続いたさい、とった魚を廃棄せずに利用する方法として生み出されていた。ある料理人が、港にあがった白身をすり身にして、手で叩いてのばし、火にあぶったところ、おいしいし、鮮魚よりも日持ちがするということで、盛んに作られるようになっていたのである。

という経緯を受けて、留野助と庄五郎は、新しい魚練物の加工品の開発をはじめ、1882年（明治15）、篠竹（しのだけ）でつくった串に、魚のすり身を巻いて焼き上げた。それが、ちくわの原点だ。

一方、その新しいかまぼこの販売を引き受けたのは、東京の魚問屋の鈴木留次郎という人物。留次郎は、焼きあがった新しいかまぼこの形が竹の節に似ていたことから、「竹輪かまぼこ」と名づけ、東京、大阪、神戸などで売りはじめた。

穴のあいたかまぼこ＝ちくわを最初に作った菅野兄弟の発想力もさることながら、

それに目をつけた鈴木の目利き力、プロデュース力に後押しされて、ちくわは全国区の練り物に成長したのである。

その頃、そのちくわの材料に使われていたのは、気仙沼漁港にあがるサメの肉だった。サメは、フカヒレは高級乾物として利用できても、身のほうはアンモニア臭いといわれて食用には好まれず、廃棄される運命だった。ところが、竹輪かまぼこは、サメを原料にしてもおいしく作れるため、安価に大量生産できるようになり、やがてはかまぼこにも劣らぬ人気食材として成長したのである。

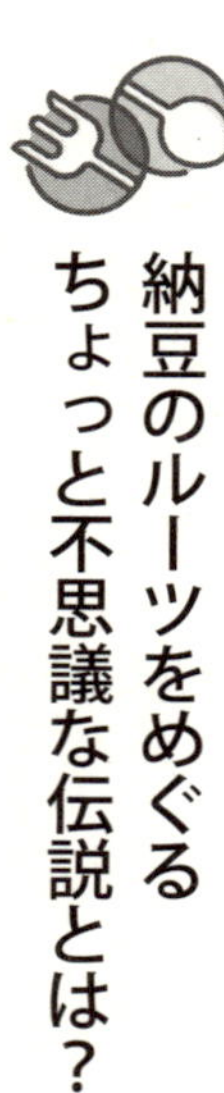

納豆のルーツをめぐる
ちょっと不思議な伝説とは？

納豆ほど、見た目と味のギャップが激しい食べ物も珍しい。容器を開けたときに漂ってくる匂いが強烈なら、糸をひく見た目も〝不気味〟だ。

しかし、いったん食べ慣れてしまえば、「納豆が大好き！」になるのだから、なんとも不思議な食品である。

その納豆を、最初につくった人はどんな人物だったのだろう？

古い歴史をもつ納豆だけに、そのルーツをめぐる〝伝説〟には、さまざまなビッグネームが登場する。

まずひとつは、鑑真和尚説である。鑑真は、いくたびの難破に遭いながら、754年（天平勝宝6）に日本にやってきた中国の高僧。その鑑真が、中国から納豆の製法を伝えたのが最初だという。

一方、平安後期の武将・源義家（八幡太郎）が、納豆誕生に関わったという説もある。源義家は、前九年の役で父・頼義を助けて安倍氏を討ち、のちに陸奥守兼鎮守府将軍となって、東国に源氏勢力を築いた人物として知られる。

納豆菌の発見は、義家が1083年〜1087年に起きた後三年の役を平定した頃のことだ。平泉付近に陣を敷き、兵糧として集めた大豆を煮ている最中に、敵の急襲を受けてしまった。

そこで、義家は、煮た豆をワラに詰めて馬の鞍につけて応戦し、数日後、戦いが終わってからワラを開けてみると、納豆菌が大繁殖し、煮豆が糸引き納豆に変化していた。

それまでも同様の現象は起きていて、兵士たちは「腐った豆」として捨てていたのだが、義家はそれを拾い上げて口にし、充分食べられる食品であることに気づいた。それ以来、納豆が兵糧に採用されるようになったという。

そのほか、千利休が厩(うまや)のワラに落ちていた味噌豆のカビから、納豆を発明したという説もある。

ただし、以上紹介した伝説に確たる証拠があるわけではない。常識的に考えれば、納豆は煮豆やワラと縁の深い東北か北関東の農民が、偶然、そのおいしさを発見、しだいに広まったとみるのが自然だろう。

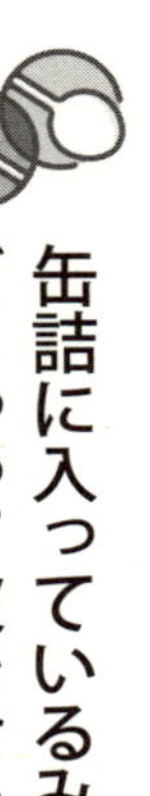

缶詰に入っているみかんは、どうやって皮をむいている？

ゼリーやパフェ、あんみつのトッピングとしておなじみのみかんの缶詰。缶をあけると、みかんの果肉が一房ずつ、きれいに皮が取り去られた状態でシロップ漬けになっているが、むろん、これは農家の人が手作業で房を分けたり、一つずつ皮をむいているわけではない。工場で、ほとんど人手を使わずに行われている。

まず、収穫されたみかんは、選果機でサイズごとに分類され、缶詰工場に運ばれる。

工場に到着したみかんはきれいに洗浄され、湯を浴びせて外皮をふやかしてから、剥皮機に入れられる。

その剥皮機には、溝のついたローラーが同心円状に並んでいて、みかんはローラーの上をころがるうち、外皮が巻き込まれ、はがれるという仕組み。しかし、それだけでは、外皮を完全にははずせないため、残った皮は人間の手で取り除かれる。

こうして、外皮をすっかり取り除かれたみかんは、次の「身割り」と呼ばれる工程で一房ずつに分けられる。この工程で、みかんは、逆円錐状に張られたゴム糸の間を通り抜けることで一房ずつに分けられていく。装置の上からは高水圧の水が吹き出ていて、みかんはその水圧で小さなゴムの隙間に押し込まれていく。そのとき、一房ごとにバラバラになるというわけだ。

では、こうして一房ずつになったみかんの内皮は、どのようにしてむかれるか？というと、〝むかれる〟のではなく、薬剤で溶かされて取り除かれている。

まずは、約０・６％の塩酸溶液が入った長い螺旋状の滑り台の上を、35分かけて流れ下り、さらに０・３％の苛性ソーダの入った滑り台の上をおよそ25分かけて流れ落ちる。これですっかり皮が溶け、仕上げに30分間水にさらすと、缶詰のみかんのようなツルンとした姿になって出てくる。

その後、粒の大きさを選別機でより分け、崩れてしまった粒は人間の手によって、取り除かれる。ほとんどが機械作業とはいっても、やはり最後は人の手が欠かせないというわけだ。

ソースの独特の味をつくり出す原材料の謎

焼きソバ、トンカツ、お好み焼きなどに欠かせないソース。いまでは、日本の食卓に欠かせない調味料になっているが、もともとは英国生まれ。１８５０年代、イギリスのウースターシャー州のウースターでつくられたのがルーツである。日本でいう「ウスターソース」は、この地名からつけられた名前である。

ウスターソースが日本にわたってきたのは明治の文明開化期で、現在のものとはかなり味が違って、相当しょっぱかったようだ。それが、洋食の普及にともなって日本人好みの味にアレンジされ、現在のマイルドな風味になった。

現在、ウスターソースをはじめとするソースは、ＪＡＳ規格によって、普通の「ウスターソース」、とろみのついた「中濃ソース」、濃厚な「濃厚ソース」の三種類に分類されている。お好み焼きなどに使うトンカツソースは「濃厚ソース」のカテゴリーに入る。

ところで、ふだんなにげなく使っているソースだが、いったいどんな原材料からできているのだろうか。

ウスターソースは、タマネギ、ニンジン、トマト、リンゴ、セロリなどを煮て、熟成させた液体に、コショウ、トウガラシ、ニンニクなどの香辛料、砂糖、塩、酢を加えてカラメルで着色し、１か月ほど熟成させてつくられている。

中濃や濃厚ソースとの製法の違いは、まず野菜の絞り方にある。ウスターソースは、野菜を絞ったジュース状のものを使うが、中濃や濃厚ソースは、野菜をミキサーにかけてピューレ状にしたものを使う。このため、濃度と粘り気が違ってくるのだ。

また、ウスターソースは酸味が強くスパイシーなのに対し、濃厚ソースは甘みが強いなど、それぞれ味の特徴も違う。これは、香辛料や調味料の使い方が違うためだ。

ちなみに、国産ソース第一号は、１８８５年にヤマサ醤油が発売した「ミカドソース」。といっても、このソースのベースになったのは、しょうゆだった。しょうゆに酢や唐辛子などをブレンドした、相当スパイシーな味だったようである。

うま味調味料の〝原料〟が国によって違うのは？

ひと振りするだけで、料理の味を引き立てる「うま味調味料」。グルタミン酸ナトリウムを主体に、イノシン酸ナトリウム、グアニル酸ナトリウムが配合されている。それらの化合物がうま味の素であることは、明治時代、東京帝国大学の池田菊苗(きくなえ)教授によってダシ昆布の中から発見され、現在では、アジアを中心に世界中でうまみ調味料が利用されている。

日本のメーカーは現在、グルタミン酸生産菌にサトウキビから砂糖を絞り取った廃糖蜜などをエネルギー源として与え、発酵させる方法でグルタミン酸を生産している。ただ、その〝原料〟は国によって違う。

たとえば、韓国や台湾、フィリピンは、日本と同様に、サトウキビの搾り滓(かす)を使っている。しかし、タイやベトナム、インドネシアでは、サトウキビに加えてキャッサバが使われているし、アメリカではとうもろこしが主流である。また、中国では、とうもろこしと米を使っている。

理由は簡単で、コストを抑えるため。それぞれの国情に合わせて、安く大量に確保できる農作物が用いられているというわけだ。

なお、うまみ調味料の発売当初は、グルタミン酸が豊富にふくまれた小麦のグルテンを酸で加水分解して、うま味成分を抽出していた。だが、コストが高くついたため、石油由来成分による合成法などが試みられたが、１９６０年代に現在のグルタミン酸生産菌による発酵法が開発され、現在に至っている。

「ヨード卵」は普通の卵とどこが違う？

スーパーの卵売り場には、普通の白い鶏卵の他に、赤みがかったヨード卵が並んでいるものだ。ヨード卵はコレステロールを抑制し、ニキビや肌荒れにも効果があるという。

しかし、手を伸ばして買い物かごに入れようとして、思わず手を引っ込めた人もいることだろう。値段が普通の卵よりも高いからだ。値段が張るのは、ヨード卵を産ませるためには、けっこうな手間がかかるからである。

このヨード卵を産ませる手順とは……。

まず、ヨード卵は、コーチン、ワーレン、コメットなど、羽が茶色か黒色のニワトリが産む。それらの有色ニワトリは、そもそも値段が高く、仕入れにコストがかかっている。

また、エサも普通の配合飼料ではなく、特別なものが与えられている。トウモロコシ、魚粉、アルファルファを混ぜたものに、海藻などのヨードを添加した豪華版である。この添加したヨードが、ニワトリの体内でアミノ酸に結びついて有機ヨードに変化し、産む卵にも、有機ヨードが含まれるようになるというわけである。

というように、ヨード卵には、さまざまな面でコストがかかっている。値段が高くなるのも、やむをえないのである。

それほど丸いわけでもないのに、どうして「丸大豆」？

醤油は日本人の食生活に欠かせない調味料だが、近年、「丸大豆醤油」と銘打った商品が増えてきたことにお気づきだろうか？

コマーシャルにもよく登場するから、「丸大豆」という言葉自体は耳になじんでいると思う。だが、「丸大豆」がいったい何を意味するのか、知る人は意外に少ないだろう。

「丸大豆」の〝丸〟は、形のことをいっているのではなく、大豆を「丸ごと」使っていることを意味する。

では、「大豆を丸ごと使う醤油」と、「大豆を丸ごと使わない醤油」は、どう違うのだろうか？

まず、「丸ごと使わない醤油」は、脂質を搾り取った「脱脂加工大豆」を使ってつくる醤油のことで、搾り取られた脂質は「大豆油」として利用されている。一方、「丸ごと使う醤油」では、収穫したまま、搾油を行わない「丸大豆」が使われる。

したがって、これらの決定的な違いは、脂肪分が含まれているかどうか、ということになる。

ただし、脱脂した加工大豆の醤油よりも、丸大豆醤油のほうがかならずおいしいというわけではない。タンパク質の比率が大きい脱脂加工大豆を使うと、それはそれでコクのある醤油に仕上がるからだ。

なお、両者の違いを見分けるには、購入の際に、原材料の表示欄を見るとよい。丸大豆の場合は「大豆」、脱脂加工大豆の場合は「脱脂加工大豆」と表記されており、どちらのタイプの醤油かは、簡単に見分けられる。

どうして醤油のことを「むらさき」と呼ぶのか

寿司屋や料亭では、醤油のことを「むらさき」と呼ぶ。ただし、そう呼ぶのは、米を「シャリ」、わさびを「なみだ」と呼ぶのと同様、もとは板前たちの隠語なので、お客が真似をするのは無粋という人もいる。

醤油を「むらさき」と呼ぶようになったのは、江戸時代半ばのこととみられている。紫色は、古代から高貴な色とされており、庶民ばかりか、大名や武士たちとも縁のない色だった。

ところが、江戸時代も半ばになると、八代将軍の徳川吉宗が、紫を奨励するようになる。江戸は政治の中心となったものの、文化面ではまだまだ上方に遅れていたため、紫色を江戸のシンボルとしようとしたためだった。やがて、江戸で紫色が流行し、庶民にまで「江戸紫」として親しまれるようになった。

そんな時代に、醤油が江戸の周辺でもつくられるようになる。その醤油を白い器に垂らせば、赤褐色とみえ、当時はその赤褐色も紫色の範疇だった。

さらに、醤油はまだまだ貴重品だったので、紫色の高貴なイメージとも重なった。

そんなことから、しだいに醤油のことも「むらさき」と呼ぶようになったと考えられている。

ただし、醤油を「むらさき」と呼ぶ語源については、他にもさまざまな説があり、醤油の色からきた女房詞だったという説もあれば、醤油の原料として丹波の紫色の黒豆を使ったからともいわれている。

1トンのサトウキビから どのくらいの砂糖がとれる？

料理にお菓子に、コーヒー、紅茶にと、食生活に欠かすことのできない砂糖。疲労回復に効くことや、砂糖漬けにすると防腐効果があることも、ご承知のとおりである。

では、砂糖の原料作物の、サトウキビや砂糖大根（ビート）は、どういう工程を経て、砂糖になるのだろうか？　サトウキビが砂糖になるまでの工程を追いかけてみよう。

砂糖の精製工程は、機械式のローラーを使って、サトウキビから砂糖分10％程度の〝ジュース〟を絞り出すことから始まる。面白いのは、このとき出るサトウキビの搾りカスから工場を動かすエネルギーを得られること。要するに、製糖工場というのは、サトウキビによって、エネルギーも自給できるのである。

一方、搾り出されたジュースはというと、１００度くらいに熱せられたあと、石灰乳という液を加えられる。こうすると、ジュース中の不純物が凝固し、取り除きやすくなる。

不純物が取り除かれたジュースは、続いて減圧装置に送られ、水分を飛ばされる。ジュースは、ここで砂糖分60％のシロップへと変わる。

さらに、このシロップを、真空の釜の中で煮詰めると、白下と呼ばれる、半流動状の塊ができる。この白下を、高速遠心分離機にかければ、ようやく砂糖の結晶を取り出せる。あとは、熱風と冷風で結晶を乾かし、フルイで粒の大きさを整えるだけだ。

なお、以上のような工程は、工場で連続して行われている。そのため、大きな工場になると、1日に1万5000トンものサトウキビを処理でき、そこから1600〜2000トンの砂糖がつくられるという。つまり、1トンのサトウキビからは、その1割強の量の砂糖がつくられている計算になる。

マヨネーズの〝保存力〟の秘密は、あの容器にあった！

マヨネーズは、家庭でもつくれるシンプルな調味料。卵、酢、油を混ぜ合わせ、塩やコショウ、マスタードなどを好みで入れるとよい。市販品の原材料は似たようなもので、保存料などは使われていない。

すると不思議なのが、その保存力だ。ふつう、卵料理は夏場など、常温で放置していると、1日もしないうちに傷んでしまう。ところが、店頭のマヨネーズは冷蔵庫でなく、ふつうの棚に並んでいるし、賞味期限も開栓前なら10か月にもおよぶ。

マヨネーズが常温で長期保存できる理由のひとつは、酢の殺菌効果。マヨネーズは加熱せずにつくるため、できたてのマヨネーズは若干の細菌を含んでいる。だが、酢の強い殺菌力によって菌は死滅し、店頭に並ぶ頃には無菌状態となっているのだ。

保存力のもうひとつの秘密は、あの容器にある。マヨネーズの容器というと、日本ではプラスチック製のチューブが一般的だが、海外ではガラス製の瓶を用いることが多い。

これはガラスのほうが酸素を通しにくいので、その長所を生かして、マヨネーズの酸化・劣化を防ぐためだ。とはいえ、使い勝手を考えるとプラスチック製のチューブのほうが便利なので、日本のメーカーでは、空気を通しにくい容器を開発し、用いているのだ。

プラスチック容器は3層からなり、もっとも内側には安全性の高いポリエチレンが使われ、真ん中の層には空気を通しにくいエバールと呼ばれるプラスチックが用いられ、さらにその外側がポリエチレンで覆われて、酸化を食い止めているのだ。

また、チューブ式容器は口が小さい分、開栓後、空気に触れる面積が瓶よりも小さくなる。その分、開栓後は、瓶よりも酸化が進みにくい。

とはいえ、いったん開栓したら、劣化が進むことは確か。メーカーでは開栓後は冷蔵庫で保存し、なるべく1か月以内で使い切ることを推奨している。

南に行くほど酢の消費量が増えるのはどうして？

『旧約聖書』にも登場し、人間がつくり出した最古の調味料といわれる「酢」。日本には、5世紀ごろに中国から伝来したとされ、以後、穀物酢、米酢、玄米酢、粕酢など、さまざまな種類の食酢がつくられてきた。

このように、日本の食文化に深く根ざしてきた酢だが、全国の酢の消費量を見ると、酢の使われ方に「南高北低」の傾向があることがわかる。酢の消費量がもっとも少ないのは北海道で、南に下るにしたがって、消費量が増えていくのだ。この傾向、どういう事情から生じているのだろうか。

理由は、いくつか考えられる。一つめの理由は、酢に食欲増進効果があるため、暑い地域ほど酢が好んで用いられる、というものだ。

酢に食欲増進効果があることは、砂糖、塩、酢、醤油、みそといった、5種類の基礎調味料を舌にのせ、2分間でどれだけの唾液が分泌されるかを量ってみるとよくわかる。唾液の分泌量は、他を圧倒的に引き離して、酢をのせたときが最も多くなるのだ。

実際、暑くてバテているときでも、酸味のきいた酢の物なら食べられる、という人が多いのではなかろうか。酢とはちょっと違うが、梅干の酸味が食欲を増すことは、よく知られた事実である。

また、酢の消費量が「南高北低」型になることには、酢の殺菌効果が関係しているとも考えられる。

酢の殺菌効果を調べるため、魚を水洗いした場合と、酢で洗った場合とで、細菌の数がどれだけ違うかを比較したデータがある。すると、水洗いの場合は、1グラムあたり9800の細菌が残り、それが1時間後に130万に増殖した。一方、酢で洗った場合は、350の細菌が残り、1時間後にも2900までしか増えなかった。

以上の結果は、酢には殺菌効果だけでなく、細菌を増やさない防腐効果もあることを示している。

夏場むし暑い西日本に、魚を酢締めにしたり、刺身醤油に酢を混ぜて食べる風習があるのも、昔の人が酢の防腐殺菌効果を、経験的に知っていたからだろう。酢は、食べ物が傷みやすい暑い地方の食生活を支える縁の下の力持ちなのだ。

日本の税制が誕生のきっかけになった「乾物」の話

フカヒレ、干しナマコといえば、現在では、中華料理の食材というイメージが定着している。

だが、それらの乾物は、もともと日本の奈良時代から平安時代にかけて生み出された食材である。

古代律令社会では、「租庸調」という税制が敷かれていた。「租」は田に課せられた米などの収穫物で、「庸」は労役、そして「調」は地方の特産品を中央政府に納めなければならなかった。

その「調」の場合、織物であれば、そのまま都へ運べばよいが、海産物を生のまま運んでいては途中で腐る。そこで、天日に干し、干しアワビや干しサザエ、干しハマグリ、干しナマコ、フカヒレなどの乾物にして納税していた。

そうするうちに、天日で干すと、動物性タンパク質が赤外線の作用を受けて発酵するため、うまみが増すことがわかった。すると、魚の内臓を取り出したうえで干すなどの工夫が行われ、ますますおいしい乾物が産みだされるようになった。

その後、野菜や果物も干すようになり、干し柿や干しリンゴ、干し大根などが広く食べられるようになった。たとえば、みかんは当時、中身を食べずに、皮を天日で干し、それを「陳皮(ちんぴ)」と呼んで前菜の一つとした。

のちに、それらの乾物が輸出されるようになって中国に伝わり、中華料理に取り入れられたのである。

「人工甘味料」はあるのに、どうして人工塩味料はないの?

メタボ体型の人やダイエットをしている人には、人工甘味料を持ち歩いている人がいる。

外出先でコーヒーや紅茶を飲むとき、砂糖の代わりに使ってカロリーをおさえるためだが、そういえば、塩分を控えるため「人工塩味料」を持ち歩いているという人は聞いたことがない。そもそも、「人工塩味料」というものは存在するのだろうか?

じつは、現在のところ、「人工塩味料」は作るのが難しいとされている。塩は、塩素とナトリウムが結びついた単純な構造だけに、代替品となる物質がまだ見つかっていないためである。

そこで現在、出回っているのは、いわゆる「減塩タイプ」。たとえば、「やさしお」という商品は、食塩と塩化カリウムを半々に混ぜている。塩化カリウムは、しょっぱい味がするが、食塩よりナトリウム（塩分）の量が半分になる。つまり、塩分を半減することができるというわけである。

また、ふつうの醤油から、脱塩装置を用いて塩分を半分以上取り除いた「減塩しょうゆ」などの「減塩食品」もたくさん出回っている。

一方、砂糖は有機物で、体内に入ると、酵素などの作用を受けて他の化合物に変わる。有機物の種類は数多くあるので、その中から人間が甘みを感じて、カロリーが低く、体に害の少ないものをさまざまにつくることができるのだ。

たとえば、清涼飲料水などに使われ、携帯用の人工甘味料にも使われているアスパルテームは、アミノ酸の一種である。

ちなみに、日本人の塩分摂取量は、「減塩ブーム」がはじまった１９８０年代に比べても、ずいぶん減ってきているが、それでも成人の一日当たりの望ましい摂取量

「10グラム未満」をわずかに上回っている。

楕円形のミニトマト「アイコ」がヒットしたワケ

弁当やサラダに重宝する一口サイズのミニトマト。プチトマトとも呼ばれるが、ミニトマトやプチトマトという呼び名は、果実の大きさが5～30gのトマトの総称であり、品種名ではない。

ミニトマトが本格的に市場に流通するようになったのは、1980年代も後半になってからのこと。歴史は浅いが、今ではすっかり定着して、黄色、オレンジ、緑色などカラフルな品種や、フルーツなみの糖度をもつ品種が続々登場している。

ミニトマト界初のヒット商品となったのは、2004年発売の「アイコ」。アイコは、それまでの品種よりも糖度が高いタイプで、加えて、うま味成分のグルタミン酸や、抗酸化物質の「リコピン」をたっぷり含むところから、登場すると、たちまち人気を呼んだのだった。

しかも、アイコは、甘さやうま味に加えて、〝機能性〟にもすぐれていた。それまで、ミニトマトには皮がかたい品種が多く、フォークで刺すと、プチっと弾けて果肉の中身が飛び散ることがよくあった。

その点、アイコは皮がやわらかく、小さなラグビーボールのような楕円形をしている。この独特の形に加え、果肉のゼリー成分が少ないことから、中身が飛び散りにくいのだ。

この〝機能〟に飛びついたのが、小さな子供をもつ母親だった。ゼリーの飛び散りが減れば、子どもの服が汚れなくなる。洗濯の手間が省けると、多忙なママ世代に歓迎されたのだ。

割ったり絞ったりせず、フルーツの〝糖度〟がわかるのは？

近年は、みかんやリンゴなど、いろいろなフルーツに、「糖度」が表示してある。「糖度」は、その果実（果汁）が含む糖分の割合をパーセントで表示したもの。果物を割ったり、絞ったりせずに、どうやって、糖度を調べるのだろうか？

これには、いわゆる「非破壊検査」の技術が使われている。物を通り抜けやすい光線、近赤外光を果実に当て、果実を通り抜けてきた透過光を分析すると、糖度を割り出すことができるのだ。

なお、一般的な糖度は、みかん12%、リンゴ15%、バナナ21%、ブドウ21%程度。甘いフルーツが好きな人は、これらの数字を目安に、より糖度を高いものを選ぶといいだろう。

東日本と西日本で、カブの品種が違うワケは？

今、スーパーの棚に並んでいる「カブ」は、重さ150g前後の「小カブ」が主流。根も葉もやわらかいことが特長で、煮物や漬け物など、さまざまな料理に使うことができる。

ただし、カブは品種の多い野菜で、今もさまざまな地方で、その地方独特のカブが栽培されている。たとえば、京野菜として有名な「聖護院(しょうごいん)カブ」は、日本最大のカブ。最大で重さ4キロにもなり、おもに千枚漬けの材料として利用されている。ほかに、天王寺カブ、日野菜カブ、今市カブなど、さまざまな地方品種が栽培されている。

それらの地方品種を細かくみると、日本列島の東と西で、2系統にグループ分けすることができる。葉の形や種の細胞組成など、カブは東西で2つのグループに分かれるのだ。

東と西で系統が異なるのは、渡来ルートが違うことが原因とみられる。東日本には、ヨーロッパ渡来の「洋種系カブ」が寒さに強いことから定着し、西日本には暖地系の「和種系」が定着したとみられるのだ。

その東西の2グループの境界線は、やはり「関ヶ原」あたり。愛知─岐阜─福井を結ぶあたりが、カブにとっても〝東軍〟と〝西軍〟の境界線になっている。

昔、ホウレンソウの葉っぱはギザギザしていたが……

いつのまにか、ホウレンソウの葉っぱの形が変わっている。といっても、「ホウレンソウは、おひたしくらいしか見ないからなァ」という人には、ピンとこない話だろう。しかし、思い出してほしいのだが、昔のホウレンソウの葉には、たくさんの切れ込みがあってギザギザ状になっていた。いまのホウレンソウの葉には、浅い切れ込みが二つ、三つあるだけである。

それは、この40年間に、日本で栽培されるホウレンソウの品種が変わった証拠といえる。

もともとホウレンソウの原産地は、ロシアのコーカサス地方で、そこから東西に分かれて広がってきた。日本には、江戸時代初期、中国から伝えられ、以来、和種のホウレンソウが栽培されてきた。その和種の葉がギザギザの剣葉だったのだ。

ところが、１９７０年代から、ホウレンソウの種類が、従来の和種から、和種と西洋種の雑種第一世代（Ｆ１）へと切り替わりはじめた。

西洋種は、原産地のロシアからヨーロッパへと伝えられたもので、その葉の形は切れ込みのない丸葉だった。つまり、現在のホウレンソウの葉は、ギザギザの和種と、丸葉の西洋種の中間の形をしているというわけである。

ちなみに、和種と西洋種がかけ合わされたのは、西洋種がホウレンソウの大敵である「べと病」に強い遺伝子をもっていたからである。

また、収穫期が秋～早春だった和種と、春～夏だった西洋種をかけ合わせたことで、ホウレンソウは一年中栽培できるようになった。

万能ねぎが大ヒットした背景には何がある？

福岡市近郊の朝倉町（現・朝倉市）で生産された「万能ねぎ」が、東京方面へ空輸されるようになったのは１９８３年（昭和58）のこと。当時、野菜の値段が全国的に値下がりし、福岡県園芸連の東京事務所では、何か首都圏で売れる野菜はないかと頭をひねっていた。

そのとき目をつけたのが、東京ではまだ高値で取引されていた「あさつき」であった。食べてみると、福岡産の「青ねぎ」とよく似ている。「ひょっとすると、イケるんじゃないか」と、空輸を決断したという。

しかも、青ねぎは生で食べてよし、煮てもよし、薬味にしてもよしということから、名前を「万能ねぎ」と変えることにした。このネーミングが首都圏の主婦にうけて、名前を変えた青ねぎは最初の年に販売額1億円を突破、翌年には15億円を越えるヒット商品となったのだ。

たしかに、万能ねぎは、５センチぐらいの長さに切ると、関東の白ねぎの代わりに使える。さっとゆでると柔らかくなるので、わけぎの代わりにもなる。みじん切りにすれば、あさつきのように薬味としても使えると、その万能ぶりが重宝されつづけている。

青首大根が市場を席捲することができたのは？

大根役者という言葉の由来は、「大根を食べてもまず当たらない（ヒットしない）」、または「すぐに（舞台を）おろされる」ことにあるといわれる。

しかし、昔は、芝居が多少まずくても、独特の味わいをもつ俳優がいたものだ。だが、最近は、演技もそこそこ、顔もそこそこというステレオタイプな俳優が増え、個性豊かな大根役者は少なくなっている。同様に、野菜の大根も年々、無個性化してきている。

昔は、おろすと、辛味、苦みといった独特のクセをもつ大根が市場に出回っていた。ところが、いまでは、家庭で食べられる大根は、クセがなくて甘味が強い青首大根が主流である。

以前はそれほど人気のなかった青首大根が、一気にシェアを拡大したのは、１９８０年代のこと。父親の帰宅が遅くなり、母親と子どもたちだけで夕食をとる家庭の数がピークに達したころと一致している。

全国の食卓で、辛味、苦みというクセをもつ大根に、子どもが顔をしかめる。母親は子どもでも食べやすい青首大根を買い求める……。つまり、家庭の食卓が父親から子ども中心になって、より甘い青首大根が、しだいに大きなシェアを獲得するようになったといえそうなのだ。

その一方で、食べ物の独特のクセや香りが敬遠される風潮の中、練馬大根や三浦大根は売れ行きを落としていった。

要するに、子供も含めたより多くの人々に好まれる大根が市場の主役となり、スーパーや八百屋に並ぶのは、青首大根ばかりとなってきたのである。

オスとメスがあるアスパラガスで、どっちが食卓に並ぶ？

ホットサラダにしたり、スパゲティやグラタンに入れてもおいしいアスパラガス。

ただ、よく見かける野菜なのに、どうやって生長するのか知らずに食べている人も少なくないのではなかろうか。

アスパラガスの栽培は、種を蒔いたり、苗を植えたりする普通の栽培法とは違って、地中の親株を管理することで芽を出させるという方法で行われている。

その栽培法はタケノコとよく似ている。

アスパラガスは、春になると、親株から地下茎をのばし、地面を押しのけて若芽がニョキッと生えてくる。それを25センチほど伸びたころに収穫したものが、八百屋やスーパーに並ぶアスパラガスだ。

収穫せずに放っておくと、針状のモサモサした葉がたくさん生えてきて、背丈が2メートルほどにもなる。

そのなかから、親株となるアスパラガスを残し、地中の株に養分をたくわえさせる。すると、翌年の春、また新しい若芽がニョキッと芽を出すのだ。

そのアスパラガスには、動物のようにオスとメスがある。専門的には「雌雄異株」と呼ばれるもので、雄花がつく株と雌花がつく株に分かれている。雄株に実は実らないが、雌株は球形の実をつける。それが、秋になると真っ赤に色づくのだ。

街路樹に植えられているイチョウも、アスパラガスと同様に雌雄異株の樹木である。ギンナンを実らせるのはメスの木なので、街路樹には臭いを防止するため、あるいは掃除の利便性からオスの木が植えられていることが多い。

アスパラガスの場合、ギンナンのように実ではなく、若茎のうちに収穫して食べる。だから、オスもメスも関係ないような気がするが、一般に雌株よりも雄株のほうが、たくさんの若茎を収穫できる。雌株の茎が少ないのは、秋に実をつけるため、そこに栄養を使ってしまうためと考えられている。

当然、生産者にとっては、たくさん収穫できるオスのほうが有利になる。だから、多くの農家では、雄株を主体に育てている。結果、私たちが食べているアスパラガスは、オスであることが多いのである。

流通中に鮮度が落ちやすいアスパラガスの謎

そのアスパラガスは、仲卸業者泣かせの野菜といえる。流通中にも、鮮度がどんどん落ちていくからだ。

アスパラガスが流通過程で劣化しやすいのは、育ち盛りの時点で収穫することと関係する。育ち盛りのアスパラガスの生長はじつに早く、土に植えてある状態だと、1日に7センチも生長する。

アスパラガスが育ちきるのを待つと、栄養やうまみが使われてしまうので、育ちきる前、つまりは育ち盛りの時点で収穫してしまうのだ。

ただ、育ち盛りのアスパラガスは、扱いが難しく、流通過程で温度が高すぎたり、酸素が不足すると、穂先の若芽が萎れたり、軟化したりしやすい。それでは、独特の食感が台無しになりかねない。

そんなわけだから、仲卸業者は扱いに万全を期している。トラックでの輸送では低温を保つとともに、収納するケースは、アスパラガスの呼吸に支障のないものを選んでいる。

氷詰めにしてお店まで運ばれるブロッコリーの謎

ブロッコリーとカリフラワーは、同じアブラナ科の野菜。1960年代半ばくらいまではカリフラワーが優勢で、スーパーや青果店でブロッコリーを見かけることは少なかった。ところが、その後ブロッコリーの需要が高まり、いまでは消費量でカリフラワーをはるかにしのいでいる。

ブロッコリーが人気野菜になった背景には、輸送技術の発達がある。いまでこそブロッコリーは国産物と輸入物が半々だが、かつてはアメリカからの輸入に頼っていた。当初、日本に入ってきたものには黄色く劣化したものが多く、それがブロッコリーの不人気の原因だった。

ブロッコリーは緑色のつぼみの状態で食べてこそ食感がよく、栄養価も高い。だが、アメリカから船で運ぶと20日間ほどかかるので、収穫後も成長し続けるブロッコリーは途中で開花してしまい、日本に来たときには品質が落ちていたのだ。

やがて、その難点が克服される。ブロッコリーを成長させない輸送技術が開発されたのだ。

ブロッコリーは水分量が85%と、野菜の中では比較的少ない。それを利用して考えられたのが、氷詰めにして輸送するという方法だ。

耐水性のダンボール箱にブロッコリーを入れ、シャーベット状の氷水を詰め込む。

そのダンボール箱を０度に温度管理した冷凍庫に入れ、日本まで運ぶのだ。その状態なら、ブロッコリーは開花することもないし、水分量が少ない分、凍りつくこともない。鮮度のいい蕾の状態を保ったまま輸送できるというわけだ。

こうして、日本でもおいしいアメリカ産ブロッコリーを食べられるようになり、それが今日のブロッコリー人気につながることになったのだ。

どうしてカリフラワーはブロッコリーに〝惨敗〟したのか

「最近、ブロッコリーを食べたのはいつですか？」と聞かれれば、多くの人が「１か月以内には食べた」と答えるのではなかろうか。

では、「最近、カリフラワーを食べたのはいつ？」と聞かれると、どうだろうか。「いつ食べたか記憶にない」という人も少なくないだろう。

ブロッコリーとカリフラワーは、どちらも地中海の原産で、キャベツの仲間。花のつぼみを食べるところも、共通している。

ところが、「人気の高いのはどっち？」といえば前項でも述べたように、圧倒的にブロッコリーが優勢である。年間の出回り量を見ても、ブロッコリーはカリフラワーの5倍にものぼっている。

カリフラワーがブロッコリーに惨敗を喫したのは、その「色」が原因だとみられている。

1980年代からの健康ブームで、「緑黄色野菜を食べましょう」と、盛んにいわれるようになった。そういわれるたびに、白いカリフラワーが敬遠され、緑色のブロッコリーが売上げを伸ばしていったのである。

カリフラワーは、白い野菜であっても、ビタミンCはオレンジ以上、カリウムも豊富に含んでいる。だが、消費者の健康志向の前に、白色のカリフラワーは、白旗を挙げざるをえなかったのだ。

緑のピーマンと赤のピーマンは、どこがどう違う？

ピーマンは英語では、sweetpepper という。日本で「ピーマン」と呼ばれるのは、フランス名のピマン（piment）に由来する名だ。

そのピーマン、かつては緑色のものが、ある時期から、赤や黄色、オレンジなどのカラーピーマンも店頭に並ぶようになった。それらの色の違いは、何から生まれるのだろうか？

ピーマンの色の違いは、ピーマンの成熟度を表している。一般的にいって、緑色のものはは未熟で、赤や黄色のものはは熟しているとみていい。緑色のピーマンが成熟すると、品種によって、赤や黄色、オレンジ色に変わるのだ。

通常、緑色のものは、未熟な分、ピーマン特有の青臭い風味と苦みが強いが、熟して赤くなったりすると、青臭さや苦みが薄まり、甘くなる傾向がある。そのため、緑色のピーマンが苦手な子どもでも、赤や黄色なら食べられることが少なくない。

1980年代にスダチが大増産されるようになったワケ

千葉といえば落花生、鳥取県なら二十世紀ナシが有名。では、徳島県といえば？「阿波踊り」以外にこれといった名物が思い浮かばないという人もいるかもしれないが、徳島県はスダチの生産量が全国一位。全国シェア100パーセント近くを徳島県が占めている。

徳島の人々にとって、スダチは日々の食卓に欠かせない存在である。焼き魚、鍋物はもちろん、みそ汁、刺身にもスダチをひと搾りして食べる。県のマスコットキャラクター名も「すだちくん」だ。

スダチの露地栽培が行われているのは、おもに標高の高い中山間地である。それは夏涼しく、昼夜の気温差が大きい環境で育てたほうが、スダチの酸味や香りが増すため。県内でも栽培が盛んな神山町の鬼籠野(おろの)は、標高２００メートルの盆地で、この栽培条件にぴったり当てはまる。

とはいえ、スダチが徳島きっての特産品になる以前、この地域では、みかんの生産が盛んだった。それが、１９８１年（昭和56）を境に、作付けがみかんからスダチへ一変した。

いったい、何があったのかというと、この年、徳島県は大寒波に見舞われ、県内各地で生産されていたみかんの樹木が大量に枯れてしまったのである。そこで、みかんの転換作物に選ばれたのが、スダチだった。すでに商業生産されていたことに加え、スダチは柑橘類のなかでも耐寒性に優れている。こうして、多くの農家がスダチを栽培するようになり、生産量が急増したというわけだ。

スダチの旬は8～9月だが、路地ものが出回る時期以外でも、ハウス栽培や低温貯蔵されたスダチが出荷されるため、一年中手に入るようになっている。

スダチは皮がやわらかいので、果汁をしぼった後も捨ててしまわずに、皮をスライスしたり刻んだりして使おう。料理の味をひきたてるいいアクセントになる。

「三寸ニンジン」が姿を消して、主流は「五寸」に

ニンジンは、昔といまとで大きさや風味が大きく変わった根菜。かつてのニンジンには独特の青臭さがあり、子どもに嫌われたものだが、品種改良によって臭みは消え、いまでは子どもにも食べやすい野菜になっている。

また、以前のニンジンは大きさがまちまちだった。そもそも、ニンジンには西洋系と東洋系があり、後者の代表格は「京人参」（金時人参）だが、関西以外ではそうは出回らない。全国的に多数出回ってきたのは西洋系ニンジンで、これには「三寸ニンジン」と「五寸ニンジン」があった。つまり、店頭には、長さ10センチ程度の三寸ニンジンと、長さ15〜20センチほどの五寸ニンジンとが混在していた。それがいまでは、三寸ニンジンはあまり見かけなくなり、五寸ニンジンが主流となっている。

三寸ニンジンが劣勢となったのは、そもそも収量が少なかったからだ。三寸ニンジンは育つのは早いのだが、収量が少なく、五寸ニンジンに比べて経済性が悪い。そこで多くの農家が三寸ニンジンを切り捨て、収量の多い五寸ニンジンに切り換えるようになった。

さらに五寸ニンジンは、消費者から支持もされた。もともと、五寸ニンジンは三寸ニンジンに比べ、肉づきがよかった。そこに改良された暖地型の五寸ニンジンが登場すると、三寸ニンジンとの差は決定的となる。暖地型の五寸ニンジンは独特の青臭さがなく、甘味が強い。それが消費者にも好まれて、三寸ニンジンは徐々に姿を消すことになったのだ。

無臭ニンニクは、どうやって臭いをおさえこんだ？

ニンニクの難点は、食べたあと、口が臭うこと。そのため、人と会う前は、ニンニク料理を控えるのが大人の常識だ。ただし、近年では、「匂いを気にせず、ニンニク料理を食べたい！」というニンニクファンのニーズに応えて、臭いを抑えたニンニクが販売されている。

それを開発したのは、ニンニク産地の青森県天間林村（現在の七戸町）にあったＪＡ天間林。１９９２年、「食後の臭いが気にならない」というキャッチフレーズで登場した「マイルドにんにく」である。

ニンニクのにおいのもとは、「アリイン」という成分である。アリイン自体にニオイはないが、ニンニクを切ったりすりおろしたりして細胞が壊れると、アリインと体内の酵素が反応を起こして「アリシン」という物質が生成される。これが、悪臭を放つのである。

食べた直後はイヤな臭いはしないのに、食後3〜6時間後に独特の臭気を発するのは、体内の酵素がアリインに働きかけて、アリシンを生み出すからである。

では、臭いの少ないマイルドにんにくは、このアリシンをどうやっておさえ込んでいるのだろうか。

じつは、マイルドにんにくも、普通のニンニクも同じもの。ただ、出荷する前に特殊な真空処理を施すと、臭いの発生がぐっと抑えられる。この処理を施したのが、マイルドにんにくだ。

ニンニクを10分程度、真空状態にするとアリインが減少し、いったんこの処理を施すと、その後で切ったりすりおろしたりしても、アリインの生成量が少なくなるため、悪臭も〝マイルド〟になるというわけだ。

その分、ニンニクの香りや辛味も消えてしまっているのでは？　と思うかもしれないが、そんなことはない。ニンニクの香りや適度な辛味もあるだけでなく、栄養価もそのまま残っているという。

特色のある〝ご当地ナス〟が多いのはどうして？

ぬか漬けや煮物、炒め物など、日本の食卓にすっかりなじんでいるナスだが、意外にもそのふるさとはインド。日本へは8世紀頃、中国から渡ってきた野菜だ。

実の90パーセント以上が水分で、ビタミンやミネラル類などの栄養はあまりないが、紫色の皮にはアントシアニンというポリフェノールが豊富に含まれている。アントシアニンは活性酸素の働きを抑制して、血管をキレイにして動脈硬化や高血圧などを予防する働きがあるとされる。

もっとも、ナスのなかには、皮が白い「白なす」のように、紫色の色素であるアントシアニンを含まないものもあれば、生産地によって、色や形、サイズがずいぶん異なる。

たとえば、長さが30センチほどもある「長なす」もあれば、皮が柔らかく漬物に最適の「小なす」もある。

京都上賀茂地域で栽培されている「加茂なす」や大阪の「水なす」は、絞ると水がしたたり落ちるほど、水分豊富ななすとして知られる。というように、地方色豊かなナスだが、これほど品種が多いのは、なすが日持ちのしない野菜だったからというのが、その理由だ。

夏に収穫期を迎えるなすは、冷蔵技術がなかった時代では、保存がききにくかったうえ、時間が経つと、味が急激に落ちてしまう。遠い消費地には輸送できなかったため、地方ごとに特色のある固有種が生まれたのである。

昔にくらべて、冷蔵・輸送技術が発達している現代ではあるが、今でも、〝ご当地なす〟には、デパートの野菜売り場や専門店、地方の特産品を扱うアンテナショップなどに出向かなければ、入手できない品種が多い。

一方、市場に流通しているナスの多くは、たいてい長細い卵形をしていて、大きさもだいたい同じだ。ナスの品種改良が盛んになったのは終戦後のことで、その頃から、長めで卵形をした品種が増えていった。

形と大きさがそろっていたほうが、箱詰めするのにも便利で、流通コストを安くあげられる。そうした理由から、ナスの大きさや形はじょじょに統一され、一般に流通しているナスはどれも似たような姿形になったというわけ。

リンゴは真っ赤より色むらがある方が甘いって本当？

リンゴは、栄養面からみても、じつにバランスのとれたフルーツだ。じっさい、リンゴを毎日食べると、ビタミンCが平均35％アップするという研究結果もあれば、食物繊維のリンゴペクチンは便秘の解消に効果的だ。美容のため、健康のためにリンゴを食べるとしても、せっかくならおいしいものを選びたい。

そこで、クエスチョン。

「真っ赤なリンゴと、色むらのあるリンゴ。2つのリンゴが並んでいたら？　あなたはどちらを選びますか？」

と問えば、たいていの人が、真っ赤なリンゴを選ぶのではないだろうか。真っ赤に色づいたリンゴは、いかにも「完熟」のイメージがあるし、甘い蜜がたっぷり入っていそうに思えるが、それは見た目に惑わされた判断。じつは、真っ赤なリンゴより、色むらのあるリンゴのほうが、糖度が高く、おいしい可能性が高いのだ。

リンゴの色が赤っぽいか、黄色っぽいかは、青のクロロフィル、黄色のカロテノイド、赤のアントシアニンなどの色素のバランスによって決まるのだが、青のクロロフィルは、リンゴが熟す過程で黄色のカロテノイドへと変化して、それが色むらとなってあらわれる。つまり、リンゴの色むらというのは、実が熟したことのサインなのである。

一方、赤い色素のアントシアニンは、太陽に当たることで、リンゴの身を赤く染め上げる。そこで生産者は、葉を取り除いたりして、太陽光がよく当たるようにしているのだが、葉を減らしすぎると、今度は光合成ができなくなり、リンゴの糖分が減ってしまう。

つまり、リンゴが赤いのは、太陽にさんさんと当たったことの証拠にはなるが、「甘さ」の証拠とは限らないのである。

もっとも、真っ赤なリンゴも、時間が経てば甘くなる。赤いリンゴが熟すときは、お尻やお尻とヘタのくぼみの部分から黄色くなっていくから、リンゴを選ぶときは、お尻やヘタの部分をよく観察してみよう。

COLUMN 1 他人に話したくなる「食」のはじまり

カレーパン――昭和の初め、東京生まれの〝日本の味〟

カレーパンは日本オリジナルのパン。１９２７年、東京・深川の「名花堂」の二代目主人が考案し、実用新案に登録した。発売当初は「洋食パン」という名前で売り出され、1個8銭（今の２００円ほど）だったが、最初から売り切れが続出した。

カレーには水分があるため、オーブンでは焼けないが、油で揚げるという方法が開発されたことで、〝日本の味〟として定着したのだった。

カレーそば――１９０９年に考案されるが、最初はまったく売れなかった！

カレーそばは、１９０９年（明治42）、東京の「朝松庵」というそば屋で考え出された。当時、洋食ブームが起き、日本そば店の経営は苦しくなっていた。そこで、朝松庵では、洋食ブームに対抗するため、カレーそばを考案したのだった。

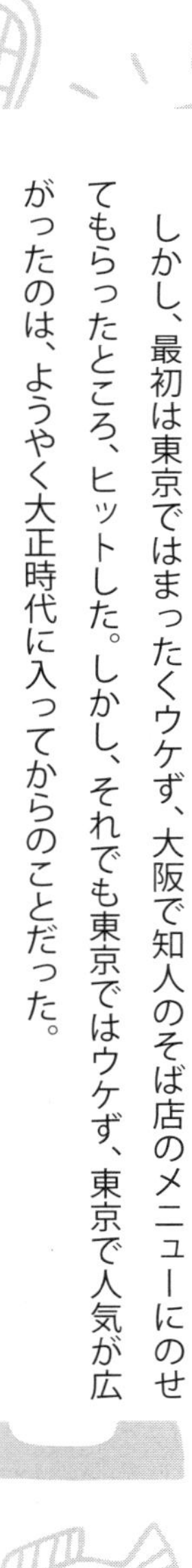

しかし、最初は東京ではまったくウケず、大阪で知人のそば店のメニューにのせてもらったところ、ヒットした。しかし、それでも東京ではウケず、東京で人気が広がったのは、ようやく大正時代に入ってからのことだった。

アンパン――ヘソに桜の花があしらわれるようになった経緯

アンパンは、1869年（明治2）創業の木村屋の創業者・木村安兵衛とその息子英三郎によって考えだされた。木村らは、日本人が好む酒蒸し饅頭とパンを合体させることを考え、売り出したところ、たちまち人気を呼んだ。

それが旧幕臣の山岡鉄舟（やまおかてっしゅう）の目に止まり、明治天皇に献上するように勧められた。献上するさい、木村屋では宮内庁御用達の印として、パンのヘソに国花である桜の花を塩漬けにしたものを乗せた。それからアンパンのヘソには桜の花びらがあしらわれるようになった。

クロワッサン――三日月型のパンが生まれた理由は？

1683年、オーストリアの首都ウィーンは、オスマントルコの大軍に包囲され

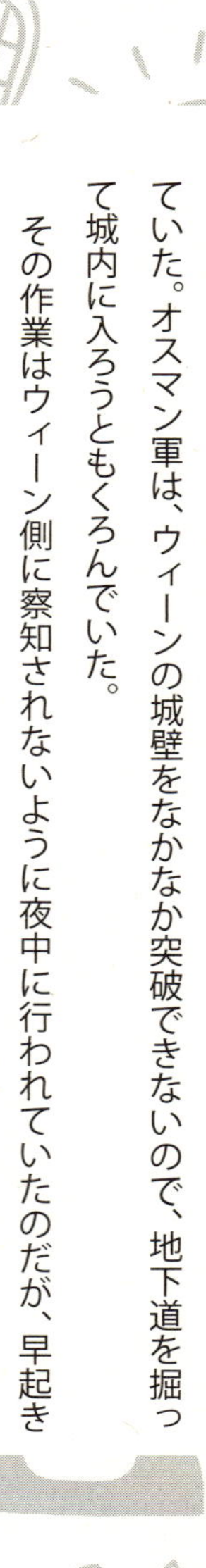

ていた。オスマン軍は、ウィーンの城壁をなかなか突破できないので、地下道を掘って城内に入ろうともくろんでいた。

その作業はウィーン側に察知されないように夜中に行われていたのだが、早起きのパン屋に気づかれてしまう。パン屋は、すぐさまトルコ軍の行動をウィーン側に知らせ、ウィーンの街を救うことになった。ときの皇帝は、その功績を讃え、パン屋に三日月型のパンを焼くように命じる。トルコ国旗には三日月がデザインされているので、それを食べてしまおうというアイデアだった。そうして、独特の三日月形のパンができあがった。

牛と豚の合い挽き肉――なぜ混ぜ合わせるようになったか？

日本にハンバーグが本格的に紹介されたのは、戦後になってからのこと。そのころ、ある精肉店の店主が、ハンバーグの本場ドイツでは、普通の牛肉に脂身の多い牛肉を混ぜ合わせて使っていることに気づいた。そこから、店主は、では牛の挽き肉に脂身の多い豚肉の挽き肉を混ぜ合わせて売ればいいと思いつく――。それが「牛と豚の合い挽き肉」の起源というのが、業界では有力な説とされている。

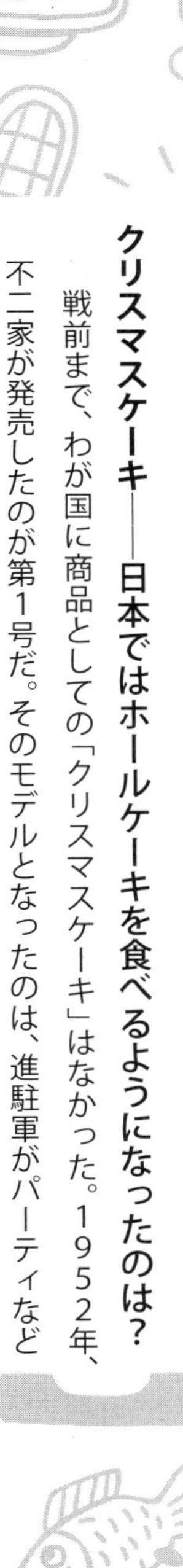

クリスマスケーキ——日本ではホールケーキを食べるようになったのは？

戦前まで、わが国に商品としての「クリスマスケーキ」はなかった。1952年、不二家が発売したのが第1号だ。そのモデルとなったのは、進駐軍がパーティなどのさいに食べていたアメリカのデコレーションケーキである。

その後、日本では、クリスマスケーキというと、生クリームをたっぷり使ったホールケーキということになったが、ヨーロッパでは今も違ったタイプのケーキがクリスマスに食べられている。イギリスでは木の実を入れたプディング、フランスでは切り株をデザインしたブッシュ・ド・ノエルというケーキを食べる。

丼——ルーツは、タイの「トンブリ」という説

江戸時代初期、日本が朱印船貿易によって、東南アジア諸国と広く交易していた頃、タイにベンチャロン焼きと呼ばれる蓋付きの鉢があった。ベンチャロンとは「五色の陶器」という意味で、王様や貴族が使うような高級品だった。

一方、当時タイには「トンブリ」と呼ばれる要塞があった。それは、チャオプラヤ

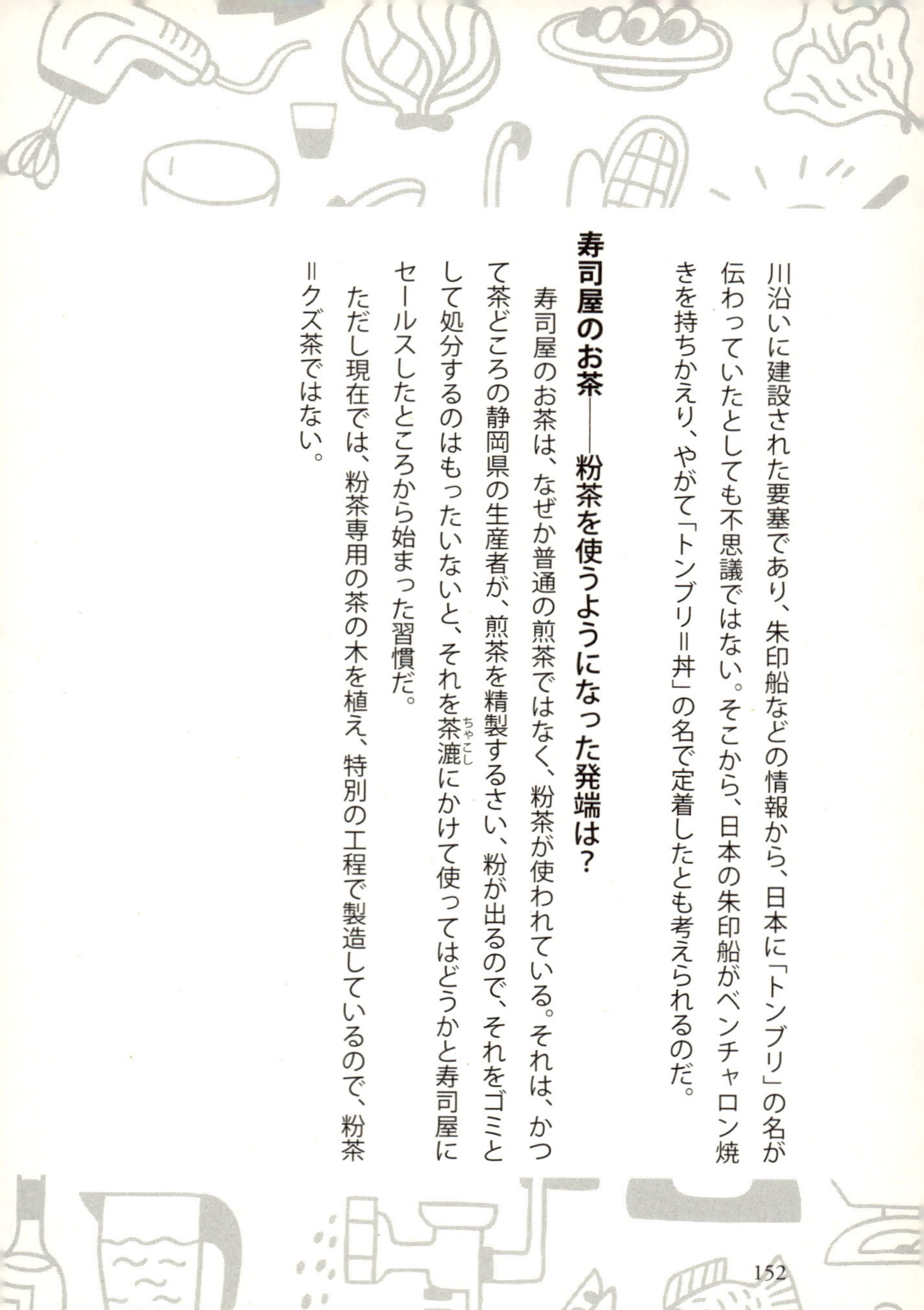

川沿いに建設された要塞であり、朱印船などの情報から、日本に「トンブリ」の名が伝わっていたとしても不思議ではない。そこから、日本の朱印船がベンチャロン焼きを持ちかえり、やがて「トンブリ＝丼」の名で定着したとも考えられるのだ。

寿司屋のお茶――粉茶を使うようになった発端は？

寿司屋のお茶は、なぜか普通の煎茶ではなく、粉茶が使われている。それは、かつて茶どころの静岡県の生産者が、煎茶を精製するさい、粉が出るので、それをゴミとして処分するのはもったいないと、それを茶漉（ちゃこし）にかけて使ってはどうかと寿司屋にセールスしたところから始まった習慣だ。

ただし現在では、粉茶専用の茶の木を植え、特別の工程で製造しているので、粉茶＝クズ茶ではない。

3
産地から流通までの外から見えない裏話

暑さに強いトマトを夏にハウス栽培する裏事情

トマトの原産地は、南アメリカのアンデス山脈からメキシコにかけての暑い地域。そのため、本来、夏野菜のトマトが真冬でも食べられるのは、ハウス栽培のおかげだが、トマトの不思議なところは、真夏の暑いさなかでも、ビニールハウスで栽培されていること。それは、「実割れ」という現象を防ぐためだ。

家庭菜園でトマトを栽培したことがある人なら、色づいた実を収穫しようと思った矢先、ヒビ割れているのを発見してがっくりという経験をしたことがあるだろう。それは、肥料不足や害虫のせいではなく、水分管理の失敗から起きることが多い。

トマトは、果肉と皮が同時に大きくなり、実が一定の大きさになったところで、皮と果肉の成長はストップし、成熟して赤く色づいていく。ところが、その段階になってから、雨が降るなどして大量の水を吸収すると、果肉が水分を吸収して膨張する。しかし、皮の成長はすでに止まっているため、果肉がさらにふくらむと、皮目が裂けて茶色いヒビがはいるというわけだ。

そこで、トマト農家では、雨による急激な水分吸収を防ぐため、真夏でもビニールハウス内で栽培する。実割れを起こしたトマトは価格が大幅に落ちるため、農家にとって、その防止は重要な作業なのである。

家庭菜園の場合は、厳重に水分管理することはできないので、トマトの実が成熟して色づいたら、株につけたままにせず、こまめに収穫するといい。

じつは、トマトのおいしさは、見た目では判断できない。赤く色づいていても糖度が低いこともあれば、まだ青さが残っていても甘いこともある。その点、「実割れ」の茶色いヒビは、皮の成長が止まっているシグナルであり、完熟している証拠でもある。見た目は多少悪くても、果肉は十分に甘く、おいしくいただけるはずである。

イチゴの旬はなぜ春から冬に変わったか

イチゴは、ちょっと不思議な果物だ。「赤くて可愛い」というイメージから、子ども向けファンシーグッズなどには、「イチゴ柄」が多用されているが、実物のイチゴには表面に小さなツブツブがあり、じっと観察すると、不気味な感じがしないでもない。

その表面のツブツブも、不思議のひとつだ。じつは、あの小さな粒こそが、「イチゴの実」。実だと思って食べている部分は、花を支えていた花托（かたく）がふくらんだものである。では、イチゴの種はどこにあるかというと、イチゴの実のなか、つまり表面の小さなツブツブの中にある。

以上は、〝イチゴ自身〟の不思議だが、もう一つ「旬」にかかわる不思議もある。イチゴはかつて4～5月が出荷時期で、その後は店頭から姿を消していたはず。ところが、現在では、晩秋にふたたび姿を見せはじめ、真冬を迎える12月にはところ狭しと店頭に並んでいる。現代のイチゴは、年間20トンの出荷量のうち、70パーセントまでが冬場に出荷されている〝冬の果物〟なのだ。

だからといって、イチゴ本来の旬が変わったわけではない。冬にイチゴの出荷が増えた理由は、ハウス栽培の普及にある。露地栽培が主流だった時代は、春しか収穫できなかったが、１９６０年代からハウス栽培が増えはじめ、季節を問わずに収穫できるようになったのだ。

ハウス栽培が盛んになるにつれ、消費者の意識も変化していった。イチゴに対するニーズが「春から冬」にシフトしたのである。

なかでも、よく売れるのは12月。イチゴは、クリスマスカラーを象徴する真っ赤なフルーツであり、その赤いイチゴを使ったクリスマスケーキが日本に定着した。そこから、冬の需要が急激に伸びたのである。

また、気温の低い冬のほうが傷みが少ないことや、冬場はライバルとなる他の果物が少ないことも関係している。というわけで、イチゴの冬場の出荷量が増えたのは、不思議でも何でもなく、「冬のほうがよく売れるから」という、ごく常識的な理由からだった。

なぜマスクメロンはT字形のツルを残して出荷するのか

中央アジア原産のマスクメロンが、日本に入ってきたのは、明治時代のこと。そのマスクメロンをいち早く輸入し、日本ではじめて口にしたのは、大隈重信だったといわれる。政治家として首相などを歴任、早稲田大学を創立した人物だ。

大隈は政治家たちを自宅に招き、高価なマスクメロンをふるまったという。狙いは政界での影響力維持のためだったともいわれるが、それ以前に彼自身が大のメロン好きであったことは確か。大隈は、晩年には、マスクメロンの栽培に凝り、1920年（大正9）には自邸でその試食会を開催している。

現在では、マスクメロンは温室で、温度・湿度はもちろん、水や肥料の量もコンピュータで徹底管理された状態で、栽培されている。しかも、1本の木で栽培される果実はたった1つだけ。たくさん実をつけても、優秀な実を除いて、ほかはすべて摘み取ってしまうのだ。

マスクメロンのシンボル「T字のツル」にも、その意味が込められている。1本の木で1つの果実を収穫したことの証として、マスクメロンのツルをつけたまま出荷されているのだ。

ひとつの実に栄養を集中させることで、濃厚な甘みや芳醇な香りをより楽しめるというわけだが、おいしさを存分に堪能するには、食べ頃を見極めることも重要だ。メロンの箱には「食べ頃は○日後」などと記されているが、季節や保管の状態によってズレが生じてしまう。

そんなときは、ツルを観察してみるといい。ツルが青々としているときは、まだ実がかたい状態。逆に、ツルが完全に枯れてしまったものは熟しすぎだ。ツルはほぼ枯れているが、付け根の部分にまだ黄緑色を残しているのが、ちょうど食べ頃のサインだ。

いまどき、栽培がいちばん難しい果物は？

農家に「栽培が難しいフルーツは？」とたずねると、「スイカ」という答えが返ってくることが多い。小玉スイカはまだ栽培しやすいが、大玉スイカを大きくおいしく育てるのは、豊富な経験と細心の注意が必要だというのだ。

では、大玉スイカの栽培法を紹介してみよう。まず、種まきは春に行うのが一般的。芽を出すと、その苗をカボチャやユウガオの苗に接ぎ木するという手間をかける必要がある。スイカはそのまま育てると、病気にかかりやすいので、病気に強い他の野菜に接ぎ木して予防するのだ。

その後は、何よりも温度管理に注意を払わなければならない。スイカは気温変化に弱いので、ハウス内の気温が上がったときには風通しをよくし、気温が下がったときにはビニールのキャップをかぶせるなどといった手間をかける必要がある。

また、スイカをおいしく育てるには、やや水分不足の状態がいいとされるが、その水加減がひじょうに難しい。さらに、実が拳くらいのサイズにまで生長したあとは、ときおり玉を回転させ、日光がまんべんなく当たるように世話する必要がある。というように、スイカを育てるには、たいへんな手間がかかるのだ。

日本で小麦を自給できない知られざる事情

農林水産省によると、平成30年度の食料自給率（カロリーベース）は、37％である。一方、アメリカは１３０％、フランスは１２７％、ドイツは95％、イギリスは63％。他国の数字と並べてみると、日本の食料自給率がいかに低いかがよくわかる。

なかでも自給率が低いのは、米と並んで主食用食料となる小麦。米（主食用）の自給率がほぼ１００％なのに対し、小麦の自給率はわずか14％。小麦は、輸入に頼り切っている状態なのだ。

それは、国際紛争に巻き込まれたり、円が大暴落したら、パンもうどんもラーメンもスパゲッティも食べられなくなるということを意味する。

というと、「政治家や役所は何をやっているんだ」という話になるわけだが、政治家も役所ももちろんそのことは承知している。しかし、「わかっちゃいるけど、これ以上、小麦の増産はできないよ」というのが実状なのだ。

なぜ増産できないかというと、そもそもの問題として、日本の気象条件が小麦の栽培に向いていないのである。

とりわけ、問題となるのが、日本の梅雨だ。小麦は、中央アジアや西アジアの乾燥した土地で生まれた穀物。そのため、乾燥にはめっぽう強いが、雨には弱く、収穫期が梅雨に重なると、穂の中の種子が発芽して、食料にならなくなる。また、雨はマイコトキシンという毒が蓄積する赤カビ病の原因にもなる。

小麦は、日本に伝えられた弥生時代から作られている。しかし、古くから作られていたからといって、小麦の栽培に適した土地かというと、まったくそうではないのだ。

そんな日本にも、小麦に適した土地がある。梅雨のない北海道だ。事実、国産小麦の65％は北海道産が占めている。小麦の自給率という点で、北海道が日本全体の命綱になっている状態だ。

お茶をあえて傾斜地に植えるのはなぜ？

毎年5月になると、唱歌『茶つみ』の歌とともにテレビで茶摘みの風景が紹介される。農家の人がせっせと茶摘みをする姿は、初夏の風情たっぷりだが、画面が切り替わって、カメラを引きで写した映像を見るとびっくりさせられることがある。「え、なんであんなところに？」と驚くような山の急斜面に、お茶の段々畑が広がっているからだ。

いわれてみれば、日本に限らず、インドやスリランカ、中国などの茶の名産地といわれるところのほとんどは山間地である。

なぜ、わざわざ山の傾斜地に茶の木を植えるのか？　と疑問に思うかもしれないが、その理由はいうまでもない。そうした傾斜地が良質のお茶をつくるのに適しているからである。

傾斜地が、お茶の栽培に適している理由は、大きく分けて二つある。

一つは、水はけの問題。お茶の木は、排水が悪い場所ではうまく育たない。その点、傾斜地なら自然に排水されて、余分な水がたまることはない。

もう一つは、傾斜地は、日中と朝晩の温度差が大きいうえ、日当たりが良いこと。お茶は、味とともに香りも重要視されるが、香りのいいお茶をつくるには、日温格差と呼ばれる温度差が大きいことが重要になる。

その意味で、山間地の斜面を利用した茶畑なら、朝晩の冷え込みが強く、日中は気温は上がるため、日温格差が大きくなる。また、傾斜地はさえぎるものがないので、日当たりはいい。日光をたっぷり浴びたお茶の葉が、すくすくと育つのである。

しかし、最近は農業技術の発達により、平地での茶畑が増えてきている。傾斜地で育てると、平地に比べて日々の仕事はきつくなるし、採算性にも乏しいのがその理由。段々畑で茶摘みをする姿は、長らく夏の風物詩的な存在であったが、その光景も数十年後には消えているかもしれない。

茶畑に扇風機があるのはどうして？

前項でも述べたように、お茶の栽培には、山間地が適している。静岡や狭山（さやま）もそうだが、中国やインド、スリランカなど、世界のお茶の名産地もやはり山間地にある。

ところが、山間地では、新茶の時期に、茶葉の天敵である霜が降りやすい。現実に静岡では、茶葉に霜がついて、一番茶が全滅してしまったこともあった。

この霜害から茶葉を守るために開発されたのが、茶畑に立つ「大型扇風機」である。東海道新幹線の車窓からも、静岡の茶畑に設置された扇風機が見えるが、地元では「防霜ファン」と呼ばれている。

早朝に空気が冷えると、比重が重くなって、茶畑の低いところに降りてくる。これが、茶葉や茶畑の畝(うね)に水分を結晶させて霜を結ぶ。

そのため、防霜ファンは、霜の降りそうな低温になると、センサーが働いて羽根が回り出す仕組みになっている。冷たい空気をかき混ぜて、それ以上温度が下がらないようにしているのである。

昔は、茶畑に煙を出して温めたり、朝方に水をまいて霜を防いでいた。それだけ手間をかけても霜害はなくならなかったのだが、防霜ファンを使うようになってからは、霜害はほぼ消えたという。

茶畑に似つかわしくない大型扇風機は、じつはなかなかの優れものなのである。

魚の〝王者〟マダイは、クラゲが大の苦手だった⁉

魚の王者として名をはせるタイ。そのタイのなかでも、「見てよし、釣ってよし、食べてよし」の三拍子そろった魚といえば、タイの頂点に立つマダイである。

桜色に輝く美しい体、青いふちどりのある目、ピンと張った尾びれは見た目に華やかで、日本では古くから祝い事に欠かせない魚として珍重されてきた。

釣り人にとっては、マダイが大物になることも大きな魅力だろう。さまざまな釣り方が各地に存在するのも、マダイ釣りに魅せられる人の多さを裏付ける証拠といえる。

しかし、どんな人にも弱点があるように、海の王マダイにも苦手なものがある。じつは、マダイは、海のなかをのんびりと漂うクラゲにめっぽう弱いのである。

クラゲといっても、毒をもつクラゲ、発光するクラゲ、色鮮やかなクラゲなど、さまざまなクラゲがいるが、マダイが苦手とするのは、近年、あちこちの湾で大発生しているミズクラゲである。

クラゲが子魚を捕食することはよく知られているが、とくに食べられやすいのは、イワシやカタクチイワシの子魚だ。マダイの子魚も同様で、いともあっさりクラゲに捕食されてしまう。

じっさい、マダイ、マサバ、マアジの３種類の子魚を、クラゲと〝対戦〟させるというユニークな実験も行われている。10リットルほどの容器にクラゲを３匹入れておき、そこにそれぞれの子魚を１匹ずつを入れる。そして、どれくらいの速さで捕食されるかを調べたのだ。

すると、マサバやマアジは５～６ミリくらいに成長していれば、クラゲから逃げきるが、体長６ミリのマダイは、逃げられずに捕食されてしまうことがわかった。

その一方で、クラゲの〝害〟をまったく受けない魚や、逆にクラゲを攻撃する魚もいる。たとえば、イボダイ科の魚は、猛毒のあるクラゲと一緒にいても刺されないし、アジやカワハギ科の魚はクラゲを攻撃して食べてしまうこともある。

冬の魚だったフグが、一年中食べられるようになったのは？

もともと、フグの旬は「秋の彼岸から春の彼岸」までといわれるが、それも今や昔の話。近年では、年間を通じて食べられるようになり、「フグそうめん」「冷やしフグしゃぶしゃぶ」などといった〝夏メニュー〟まで登場している。

季節はずれの夏にフグが食べられるようになったのも、ひとえに養殖技術の発達によるものだ。

フグの養殖自体は、１９７０年代から行われていたが、当初はなかなかうまくいかなかった。

というのも、フグがきわめて凶暴な魚だからだ。フグは「サンゴをも噛み砕く」といわれるほど強く鋭い歯をもっていて、その頑強な歯で養殖場の網を噛み切ってしまう。しかも、フグ同士で頻繁にケンカをするので、出荷前に多くのフグが死んでしまうことが多かったのだ。

それらの問題がクリアされ、養殖技術が軌道に乗ることによって、近年、夏場にもフグが出回るようになったのである。当然のことながら、夏のフグは養殖物で、天然のフグではない。

「なあんだ、養殖か」という声が聞こえてきそうだが、プロからみても、フグは天然物と養殖物で、味に比較的差がない魚だという。

なお、天然物か養殖物かを見分けるには、尻尾を観察するといい。養殖物はフグ同士のケンカで尻尾がなかったり、傷ついていることが多い。

養殖物といっても、けっして〝温室育ち〟ではなく、フグの気の荒さには変わりはないのだ。

日本人はふだん、どんな種類のエビを食べている？

２０１３年秋、多くの店舗でエビの品種名を偽って表示していることが明らかになった。オマールエビを伊勢エビとしていたケース、小さいエビをすべて芝エビとしていたケースなどが目立ったが、結局のところ、私たちはふだんどんな種類のエビを食べているのだろうか？

かつて日本では、大きいエビといえば伊勢エビ、中ぐらいのエビは車エビ、小さいエビは芝エビを使うというのが相場だった。だが、それらの国産エビは値段が高くなり、代わって中国や東南アジアで採れる同程度のサイズのエビが主流を占めるようになった。

具体的には、伊勢エビの場合、オーストラリアやニュージーランド産のロブスターが代用品にされてきた。ロブスターもイセエビ科のエビなのだが、色や形が日本の伊勢エビとは異なるので、その違いは本物を知っていれば一目瞭然だ。

中型の車エビは、ブラックタイガーで代用されることが多い。ブラックタイガーはクルマエビ科のエビで、ウシエビとも呼ばれる。体長は30センチ程度で、体長15〜30センチ程度の車エビより、やや大きめだ。

外観は、赤みの強い車エビと比べると、全体的に黒みが強いところから、ブラックタイガーと呼ばれる。味は、車エビが繊細な食感で甘みが強いのに対し、ブラックタイガーは体長が大きいこともあって、やや大味な印象がある。茹でたとき、身が軟らかいのも車エビのほうだ。

芝エビは、バナメイエビで代用されることが多い。バナメイエビは東南アジアでの養殖が盛んで、ブラックタイガーよりも安価なため、近年、輸入量が急増している。クルマエビ科のエビで、体長は20センチ程度。芝エビは10〜15センチ程度だから、バナメイエビのほうがやや大きめだ。もっとも、味に大差はなく、調理すれば違いがわかる人はほとんどいない。

伊勢エビの解禁日は、どうやって決められるのか

秋の味覚といえば、マツタケや栗を思い浮かべる人が多いだろうが、海のものにも秋の味覚がある。その筆頭に挙げられるのは、伊勢エビだ。

伊勢エビは、秋を待たなければ収穫できないキノコや栗とは違って、捕ろうと思えばいつでも捕ることはできる。ただ、産卵期や成長期のエビの乱獲を防ぐため、人間が自主的に禁漁期間を定めているのである。

その解禁日はいつかというと、三重県では毎年10月1日に伊勢エビ漁が解禁になる。それに合わせて、地元のホテルやレストランでは「伊勢エビ祭り」が開催され、観光客を呼び寄せる〝目玉食品〟となっている。

しかし、この解禁日は、地域によってバラバラで、全国的に統一されているわけではない。三重県は、10月1日と定めているが、九州や伊豆地方などには9月中に解禁を迎える地域もある。

では、各地域では、どのようにして解禁日を決めているのだろうか？

まず三重県の場合は、三重県沿岸の伊勢エビが9月までに産卵期が終わるため、10月1日に定めているという。

ただし、伊勢エビのような豪華なエビは、年末に向かうほど需要が高まり、いい値段で取引される。そのため、漁協によっては、11月以降に漁を解くこともある。

解禁日を統一したほうが、わかりやすくていいのでは？　と思う人もいるかもしれないが、そもそも解禁日は、漁業資源を守るために、各漁業組合などが自主的につくりあげてきたシステム。地域の実情に合わせて、日にちがずれるのも無理からぬことだ。

養殖モノのワカメが食卓にならぶまで

日本人とワカメは、切っても切れない仲といえる。そのつき合いは米以上に古く、日本人は有史以前からワカメを食べてきた。ワカメは、長きにわたって、日本人の健康を支えてきてくれた食材といってもいい。

ワカメの栄養価は驚くほど高い。牛肉と比べて、カルシウムは200倍、ビタミン

Aは40倍も含み、高血圧や成人病に有効なばかりか、美容食としてもきわめて優秀。ワカメをたくさん食べる地域の人たちは、元気で長生きといわれるくらいだ。

それほどヘルシーなワカメだが、現在ではほぼすべてが養殖ものとなっている。海岸に打ち上げられるワカメを拾っているだけでは、とても日本中にワカメの味噌汁を供給できない。1950年代に開発された養殖法が、日本の食卓を支えてきた。

とはいえ、ワカメの養殖といわれても、どうするのか、なかなかイメージできないのではないだろうか。むろん、魚の養殖とはまるっきり違った方法である。

ワカメの養殖に必要なものは、ウキとオモリをつけたロープだけ。そのロープに、ワカメの胞子をつけた糸を巻きつける。そして、そのロープを海に浮かべておくだけで、胞子から若芽が出て成長していく。やがて、ロープごと船に引き上げれば、生長したワカメを収穫できるというわけである。

激しい潮流と荒波にもまれるほど、新陳代謝が盛んになり、厚くて身のしまったワカメになる。

そのため、岩手県と宮城県の三陸海岸沖、徳島県の鳴門や関門海峡など、日本有数の激流地帯が名産地となっている。

ズバリ、モズクはどうやって採取している?

ミネラルたっぷりで、お肌にも、体にもいい「自然食品」として人気上々のモズク。北海道から沖縄まで、日本に広く分布する海藻である。本来は、ホンダワラ類などにくっついて生息しているが、市販されている食用モズクのほとんどは、沖縄の海で養殖されている。

モズクの養殖は、海中に張りめぐらせた網にモズクを付着させて行うが、その採取法が、ちょっと変わっている。

作業は2人1組で行い、1人が長いホースをもって海中に入る。そして、そのホースで、掃除機で掃除をするように、20〜30センチに成長したモズクを吸い取っていくのだ。吸い取られたモズクは、船上に海水と一緒に勢いよく吐き出される。すると、もう1人が、船上で一緒に吸い込まれる小魚などを取り除きながら、モズクだけをカゴの中に集めていく。

成長したモズクは濃いアメ色をしているが、日光や雨にさらすと変色するので、船上ではすばやい作業がカギになるという。

港に戻ると、殺菌海水で洗い、すぐに塩漬けにして、タンクで1週間前後寝かせてから、全国各地に出荷している。

沖縄で、モズクの養殖技術が確立されたのは、ここ30年弱のことと比較的新しいが、現在では、モズクは沖縄名物の一つに成長している。

鮮魚といえば発泡スチロールの「トロ箱」が使われる理由

若い頃はハンバーグやステーキばかり食べていた人も、四十路にさしかかると、「日本人はやっぱり刺し身だよねェ」などというようになる。

刺し身を食べるというDNAが、あらかじめ日本人の体に埋め込まれているようでもあるが、じつは日本全国で昔から刺し身を食べていたかというと、そうではないのだ。

日本は海に囲まれてはいるが、内陸部も山間部もあり、山里で刺し身が食べられるようになったのは、じつは戦後になってからのこと。長い歴史から見れば、ごく最近のことなのである。

内陸部や山間部で刺し身が食べられなかったのは、むろん流通上の問題からである。刺し身は鮮度が命だが、ほんの半世紀余り前までは、新鮮な魚を遠方まで運ぶ手段が存在しなかった。

鮮魚の流通の歴史を見てみると、〝鮮魚流通センター〟ともいえる魚河岸が登場するのは、江戸時代のことである。

3代将軍徳川家光の時代に「天下のご意見番」として活躍した大久保彦左衛門の子分、一心太助（いっしんたすけ）は「魚屋」という設定になっているが、一応その頃から鮮魚は流通していた。

ただし、当時の魚屋は、魚河岸で仕入れた鮮魚を木のタライに入れて売り歩いただけなので、江戸前の魚を例にとると、その流通範囲は江戸城下止まり。江戸郊外の内陸部では、鮮魚はほとんど手に入らなかったのだ。

やがて、明治になると製氷技術が発達し、鮮魚流通の範囲は大きく広がった。その頃から、ようやく鮮魚は氷入りの箱に詰められて運ばれるようになった。

しかし、それも早々に行き詰まる。鮮魚を入れる箱を「トロ箱」と呼ぶが、当時のトロ箱は木製だ。氷がすぐに溶けるうえ、水漏れが激しく、長距離の搬送には使えなかった。だから、明治になってからも、鮮魚が食べられたのは一部の人に限られていた。

結局、トロ箱の問題が解決するのは戦後になってからのこと。冷蔵・冷凍技術の発達と並んで、この問題の解決に寄与したのは、いまも使われている発泡スチロール製のトロ箱である。

軽くて安くて水漏れしないトロ箱の登場によって、鮮魚流通の範囲は劇的に広がり、「日本中どこでも鮮魚が食べられる」という時代がようやく幕を開けたのである。

目一杯太らせないで出荷する豚肉の不思議

現在、豚はきわめて快適な環境のなかで飼われている。それが、安全性と味の良し悪しにかかわる重要ポイントだからである。

まずは、豚舎の室温を比較してみると、気温23度、湿度45％の快適な環境下で飼育された豚と、気温33度、湿度80％の蒸し暑い環境下で飼育された豚とでは、肉のつき方にはっきりと違いが生じる。

前者の体重が1日715グラム増えるとすると、後者ではわずか250グラムしか増えないのだ。

しかも、暑い環境に置かれた豚は、飼料より水を多く摂るようになる。その結果、タンパク質や脂肪の蓄積が妨げられ、肉がしまらない「水豚」になってしまうのだ。

もちろん、日本では、豚舎の通風や温度の管理をしっかり行っているため、こうした品質の低い豚肉が、店頭に並ぶことはない。

さらに、豚の飼育では、豚舎の面積にも、しっかり気をつかう必要がある。豚は、1頭あたりの占有面積が大きいほど、よく肉がつき、反対に狭い場所で飼うと、ストレスで体重が増えにくくなる。

かといって、一つの豚房に1頭だけだと、豚の競争心が失われて、飼料摂取量が落ち、これまた体重が増えにくくなる。

豚舎には、このほか、豚がケガをしないような床構造や、豚の縄張り意識を満足させるような排泄スペースなど、さまざまな工夫がされている。けっして「豚小屋」などとあなどれない環境なのだ。

このように、おいしい肉を効率よくつけるために、豚の飼育には工夫が施されているわけだが、一つ疑問なのは、成長すれば200キロは軽く超えるはずの豚が、110キロ程度の成長段階で出荷されてしまうという事実である。

これは、経済的な理由からである。

豚は110キロを超えるあたりから、エサを大量に食べるわりに体重が増えにくくなり、飼料効率が落ちていく。しかも、それ以上育てると、肉が固くなってしまうなど、肉質面でもいいことはないからだ。

納豆は何時間くらい発酵させているのか

納豆は、日本が世界に誇るユニークな発酵食品。独特のうま味・食感もさることながら、低カロリーで栄養価が高く、血栓症や骨粗鬆症（こつそしょうしょう）の予防効果があるなど、栄養・健康面でも優れものである。

では、納豆ならではのうま味と、あのネバネバはどんなふうに引き出されているのだろうか。納豆の製造工程を追いかけてみよう。

納豆の製造には、大きく「蒸煮」「発酵」「熟成」の三つの工程がある。

最初の「蒸煮」の工程では、柔らかく蒸しあがるように、あらかじめ水に浸けておいた大豆を大きな蒸煮釜で蒸し上げる。最適な状態に蒸し上げるためのポイントは、まず125度程度の高温で煮詰め、その後、余熱で蒸らすことだ。

こうして大豆がふっくら蒸しあがると、熱いうちに、納豆菌の胞子をスプレーする。納豆菌は、ほとんどの雑菌が死滅する摂氏100度の環境でも、生き続けることができるほど強い菌なのだ。

納豆菌のスプレー後、おなじみの白い容器に盛り込まれ、パック詰め作業がすむと、次はいよいよ、納豆作りでもっとも重要な「発酵」の工程に入る。

納豆の発酵は、納豆菌の繁殖に理想的な、室温36〜40度、湿度95％に管理された醗酵室で行われる。発酵時間は16〜20時間。温度が高すぎても低すぎても、納豆特有の味や香りが生きてこないので、室温はコンピュータで厳重に管理している。

だが、納豆の製造は、発酵して終わりではない。発酵を終えた豆は、続いて冷蔵室に移され、丸一日かけて今度は「熟成」される。この工程で、豆の温度を5度くらいに下げ、うまみ成分を時間をかけてゆっくり落ちつかせる。これで、ようやくおいしい納豆の完成だ。納豆作りには、まさに〝粘り〟が必要ということが、おわかりいただけただろうか。

海藻が海苔に〝変身〟するまでに起きていること

日本の伝統的な食材・海苔が、どういうふうにしてつくられているのかを、ご存じだろうか？

もちろん、海苔が初めから四角い海苔の姿で生えているわけではない。ここでは、海藻が、紙状の海苔になるまでの作業を、順を追ってご紹介しよう。

現在、海苔はそのほとんどが養殖によって〝栽培〟されている。海苔の養殖は、基本的には農業とほぼ同じで、土が海に変わっただけと考えればよい。しかも、地上での作業に1年の半分は費やされているのだ。

海苔作りの作業は、成熟した海苔からできた果胞子(かほうし)を、フラスコの中で生長させることから始まる。果胞子が生長すると、マリモのような形になるが、これが「フリー糸状体(しじょうたい)」と呼ばれる、海苔の元となるもの。

できたフリー糸状体を細切りにし、じょうろを使ってカキ殻にかける。そうして、菌糸が「殻胞子（かくほうし）」という海苔のタネになるまで待つ。

以上が、2月ごろから約半年かけて行われる地上での作業だ。次は、いよいよ場所を海に移した作業に移る。

まず、8月〜10月ごろに、カキ殻をたくさん吊るした海苔網を海に張る。この時期を選ぶのは、吊るされたカキ殻から胞子が飛び出すのに、ちょうどいい水温になるから。そして、この海中に飛び出した胞子が網にくっつき、生長したものが海苔である。

海苔の収穫シーズンは、11月〜3月ごろ。その間に、10〜15センチに生長した海苔を何回にもわたって収穫する。そして、収穫した海苔を海水で洗い、ミキサーでカットして、和紙のように漉（す）くと、食用となる海苔のでき上がり。あとは、乾燥させるだけだ。

マスクメロンは、一度収穫しただけで土を入れ替える!?

フルーツの中でも、飛び抜けて値段の高いマスクメロン。そうそう食べる機会はなく、「子供のころ、マスクメロンをスイカのようにかぶりついて食べるが夢だった」という読者もいるのではないだろうか。

ところで、マスクメロンが高値なことは知られていても、なぜ高値で取引きされているかについては、あまり知られていないようだ。

マスクメロンはひじょうにデリケートなフルーツで、その栽培には、大変な手間とコストがかかる。

マスクメロンの栽培は、種をまいてから花が咲くまでにおよそ50日。それから人工交配を経て、さらに50〜55日かけて収穫となる。もっとも、この程度の時間は、どんな果物をつくるにも必要だが、マスクメロンがほかのフルーツと違うのは、前述したように、一つの苗に一つしか実をつけないこと。そうと知れば、割高になるのも当たり前の話と納得がいくだろう。

さらに厄介なのは、一度収穫が終わったあとは、温室の土をすべて取り替えなければならないことである。

そもそもマスクメロンは、ハウスの地面をそのまま使って栽培できるほど、タフな植物ではない。種をまくときは、消毒した土を用意しなければならないし、いったん収穫が終わると、その土はもう使えないのである。

なぜそのような手間が必要かというと、一つは病気を防ぐため。もう一つは、水はけをよくするためだ。マスクメロンの栽培は、水やりの加減が品質を左右するため、土の〝総取り替え〟を欠かせないのである。

こうして、一つずつ丹精込めてつくられたマスクメロンだが、なかには値段のわりに味はイマイチ……というものもある。そこで、マスクメロンを買うときは、皮の表面に刻まれたネット（シワ）を注意深く観察したい。おいしいメロンは、ネットの目が細かく、１本１本が高く盛り上がっている。大枚はたいて味に満足できないメロンに当たらないよう、覚えておきたい。

80年代まで全国に行き渡らなかったサクランボの流通事情

いきなりだが、１９８０年以前に生まれた関西出身者で、子供のころに〝生〟のサクランボをたらふく食べた経験のある人はいるだろうか。

「うちは、子供のころから、おやつにしょっちゅうサクランボが出てたなァ」という人は、サクランボ農家を親戚に持つ人に限られるだろう。

というのは、関西で生のサクランボが食べられるようになったのは、意外に新しいことだからである。サクランボの産地といえば、「佐藤錦」で有名な山形県だが、まだ流通が未発達だったころは、サクランボの出荷先は県内、もしくは近県、遠くても東京止まりだった。サクランボは、傷みが早いため、はるばる関西圏まで出荷されることは、ほとんどなかったのである。

また、以前は生食用の品種が少なく、缶詰品が主流だった。関西人に限らず、サクランボといえば赤いシロップ漬けだったというイメージを持つ人が多いのは、生食用のサクランボ生産が少なかったためである。

ところが、１９８０年代に入ると生のサクランボの生産が急増し、全国に流通するようになった。なぜだろうか？

その理由は、〝ライバル〟の出現である。アメリカ産の輸入自由化によって、アメリカンチェリーが店頭に並ぶようになったのだ。そして、それまでは缶詰用のサクランボを作ってきた農家も危機感を感じ、アメリカンチェリーに対抗すべく、生食用の佐藤錦に切り替えたのである。

それと同時に、低温輸送の技術研究が進み、短時間で長距離輸送を可能とする高速道路も整備された。それでようやく、関西への本格的な出荷が可能になったというわけだ。

そうして、今では、全国どこでも食べられるようになったサクランボではあるが、日本産のサクランボは値段が高い。

まして佐藤錦ともなれば、おいそれとは口にできない高級品。佐藤錦に限っていえば、１９８０年代以前に生まれた人でも、それ以降に生まれた人でも、たらふく食べた子供はあまりいないだろう。

小松菜は農家にとって〝ありがたい野菜〟だった

小松菜は、ほぼ一年中店頭で見かける青物野菜。ホウレンソウよりアクが少なく、ときにホウレンソウよりも値段が安い。農家にとってもありがたい野菜で、〝月給代わり〟にしている農家も多い。小松菜は、ほぼ毎月収穫・出荷できる野菜だからである。

まず小松菜は、ハウス栽培なら一年中育成できる。しかも、栽培期間が短く、育てるのに時間がかからない。夏場なら3週間ほどで出荷でき、1年でならしても1か月余り、1年間に10回程度は栽培できる。つまり、農家は小松菜を栽培していれば、毎月のように収入が入ってくる。

小松菜による定収入は、農家にとって、まるでサラリーマンの月給のような役割を果しているのだ。

しかも、小松菜栽培はリスクが低い。栽培期間が短いということは、それだけ病気にかかるリスクが少ないことでもある。

また、小松菜は冬の寒さにも強い。霜にもやられず、葉が凍ったとしても、枯れることはない。

加えて、栽培期間中、間引き1回、追肥1回で十分に育つから、手間もかからない。小松菜はじつに便利な作物なのだ。

その小松菜は江戸時代、いまの東京都江戸川区小松川付近で栽培がはじまった。徳川将軍に献上されたさい、小松川で取れる菜っ葉ということで、「小松菜」と命名されたという。現在も、都内や埼玉県でよく栽培されていて、東京周辺では正月雑煮の具にもなっている。

どうして大根は火山灰土でもよく育つのか

鹿児島の名産、桜島大根は世界最大の大根といわれ、通常で6キロにもなる。最大では30キロにもなるが、考えてみれば不思議な話である。

桜島大根の畑は、火山灰土で覆われ、一般的には植物の育成に適さない。火山灰土は砂のようであり、保水力がないからだ。そんな場所が大根の名産地になったのは、桜島大根にかぎらず、大根が火山灰土での栽培に適しているからだ。

大根は、水分が多すぎると湿害（しつがい）に遭いやすい。その点、保水力の乏しい火山灰土なら湿害に遭いにくい。

また、火山灰土はすき間が多いうえ、地中に石ころが含まれていないことも大根の生長に追い風となる。大根が地中に伸びるさい、地中に石や木の根があると、それらが障害物となって生長が阻害される。大根の先が大きく曲がったり、二股に分かれてしまうのだ。その点、火山灰土の中には障害物がないので、大根はまっすぐ伸びて大きく育つことができるのだ。

また、火山灰土はすき間が多く、土をひとつかみしたとき、すき間の割合は8割から8割5分にもなる。一般の土壌では5～6割だから、じつにすき間が多い。そのすき間に空気をたっぷり保てることも、大根の生長には利点になる。

なお、東京の名産、練馬大根が生育する土地は関東ローム層である。関東ローム層は細かな土でできていて、火山灰土に性質が近い。大根が好むのは、そのようなさらさらした細かな土なのだ。

ジャガイモの食べている部分は「実」？　それとも「根」？

ふだん私たちが口にしているジャガイモは、ジャガイモの「実」なのか、それとも「根」なのか？

改めて問われると「ハテ」と首を傾げる人が多いことだろう。ジャガイモは土から掘り起こすので「根」のようにも思えるが、じつは根でも実でもなく、「茎」なのだ。ころっとした形はしていても、あれは土中でのびた茎だったのである。

しかし、そう聞くと、「すると、ジャガイモに実ってあるの？」と新たな疑問がわいてくる。確かに、ジャガイモの花は見たことがあっても、その実は見かけることがない。それもそのはずで、男爵芋やメークインは、花は咲かせるものの、実をつけないのである。

そのジャガイモを農家では栽培する際、「種イモ」を植え付けるのが一般的で、種まきをすることはない。なぜ、ジャガイモは種からではなく、「種イモ」から栽培するのだろう？

それは、種イモのほうが、養分をたっぷり含んでいるから。芽吹いたあとのジャガイモは、種イモの養分をたっぷり使ってぐんぐん生長し、子イモをたくさん収穫できる。一方、種から育てると、生長に長い時間がかかるうえ、収穫量が落ちてしまうのである。

一方、サツマイモも、ジャガイモと同じように種イモから育てる。ただ、サツマイモの場合、種イモから芽吹いた芽が30センチほどに伸びたら、種イモと切り離し、苗を土に植えかえる必要がある。種イモをつけっぱなしで栽培していると、種イモばかり大きくなってしまい、子イモができにくくなってしまうからだ。

なお、自家菜園でジャガイモを栽培するときは、「種イモ」として売られているものを購入することだ。見た目は、八百屋で売っているジャガイモも、種イモも変わらないが、種イモとして売られているもの以外は、ウイルスに感染している恐れがある。病気にかかった種イモで栽培すると、生育が悪く、収穫できないこともあるのだ。安全に食べるためにも、「種イモ」として売られているものを使いたい。

新米、新茶があるように コーヒーにも〝新豆〟はあるか

日本茶にしろ米にしろ野菜にしろ、農産物はとれたてがいちばんである。新しく収穫されたものは、「新茶」「新米」「新タマネギ」や「新じゃが」などと呼んで区別され、その時期になると消費者はこぞって買い求めるが、それはやはり、新鮮なものは文句なしにおいしいからである。

ところが、同じ農産物でも、収穫期がわからないのがコーヒーである。まあ、日本はコーヒー豆を100％輸入に頼っている国だから、収穫期といわれてピンとこないのも当然の話だろう。しかし、一般にあまり知られていないだけで、コーヒーにも新豆は存在する。

ただし、いつごろ収穫されたものが「新豆」に当たるかというと、これは一概にはいえない。コーヒー豆は生産地によって収穫時期が異なるからである。また、収穫からどれくらい経つと、新豆と呼べなくなるかという明確な基準もない。

だが、「新豆」と呼ぶ基準だけはある。コーヒーには10月1日〜翌年の9月30日を一つのサイクルとした「コーヒー年度」という独特の期間の単位があり、それに基づいて新豆かどうか判断されるのである。

具体的には、コーヒー年度内に収穫したものは「カレントクロップ」、そのなかでもとれたての特徴を残した豆を新豆、「ニュークロップ」と呼ぶ。逆に2年以上置いた豆は「オールドクロップ」と呼ばれる。

さて、気になるのはニュークロップの味のほうだが、新茶や新米のようにおいしいのだろうか。

ニュークロップは、酸味、甘味ともに強いのが特徴といわれる。新豆は水分量が多く火が通りにくいため、深く焙煎（ばいせん）することになる。その分、苦めになりやすいのだ。

つまり、新豆だからといって飛び抜けておいしくなるわけではなく、人によっては、酸味の落ち着いた、柔らかい味のオールドクロップを好む人もいるということだ。

コーヒー豆の場合には、とれたてがもっともおいしいという農作物の〝法則〟は当てはまらないのである。

赤ワイン用と白ワイン用、鳥がよく狙うブドウはどっち？

夏に収穫期を迎える甘～いブドウ。毎年、店頭に出回るのを楽しみにしている人も多いだろうが、ブドウの実が熟すのを待っているのは、人間だけではない。鳥たちも、ブドウがおいしくなるのを、今か今かと狙っているのである。

鳥にしてみれば、熟したブドウはどれも甘くておいしいはずなのだが、ブドウのなかでも、鳥に狙われやすい品種と、そうでもない品種がある。

ブドウは、赤ワインの原料になる「黒ブドウ」と、白ワインの原料となる「白ブドウ」の2つに大別できるが、鳥たちの人気を集めているのは、白ブドウのほうだ。白ブドウの仲間としては、シャルドネや、甲州などがよく知られているが、これらの品種はネットをかぶせておかないと、鳥たちがすぐに実を食いつくしてしまうという。

鳥が白ブドウを好む理由ははっきりとは分かっていないが、ブドウの皮に含まれるタンニンの量が関係しているとみられている。タンニンは、黒ブドウの種や皮に多く含まれる渋味成分のこと。黒ブドウの代表種には、巨峰やピオーネ、ベリーAなどがあるが、鳥はそのタンニンの渋みを嫌って、あまり手を出さないのではないかと考えられるのである。

ちなみに、果汁だけを発酵させる白ワインにくらべ、皮や種ごとつぶして発酵させる赤ワインのほうが、タンニンやアントシアニン、フラボノイド、カテキンなどのポリフェノールをたっぷり含んでいる。

ポリフェノールといえば、体のサビを防ぐ抗酸化物質として知られる〝健康成分〟。鳥たちにとってみれば、健康は二の次、味が優先ということなのかもしれない。

アメリカが大豆の大産地になったのは、日本がきっかけ⁉

農林水産省のデータによると、昭和27年度の国産大豆の自給率は64％。ところが、昭和41年度からは1桁台になり、平成28年度に至ってはわずか7％にまで低下している。豆腐、納豆、味噌、醤油は日本の食卓に欠かせないものなのに、その原料である大豆は、輸入に頼り切っているのである。

どこから輸入しているかというと、その7割をアメリカが占めている。日本はさまざまな面でアメリカ頼みだが、大豆もアメリカなしではやっていけない状態なのだ。

そもそも、日本人は古代から大豆を食品に加工してきた。701年の大宝律令にも、大豆から作られた醤油の記録が見られるくらい、その歴史は古いのだ。

一方、アメリカで大豆の栽培が行われるようになったのは、19世紀の終わりから。日本からみれば、大豆とのつきあいは、ごく浅い国である。

その後、アメリカが世界の大豆生産量の30%以上を占める〝大産地〟として君臨しているわけだが、アメリカが大豆の栽培するようになったきっかけに、日本は深く関わっていた。アメリカにはじめて大豆を持ち帰ったのは、幕末に黒船に乗って日本へやってきたペリー提督だからである。アメリカは日本から大豆をもちかえり、今ではそれを日本に大量輸出しているのだ。

ちなみに、ヨーロッパ人が大豆を知ったのは、17～18世紀にかけての頃。一説によると、それにも日本が関係していて、17世紀末に長崎で活躍したドイツ人医師ケンペルの著作で大豆が紹介されたのが発端といわれている。

クルミの木の下には植物が生えないって本当？

日本の里山で古くから親しまれてきたクルミ。その65パーセントは脂肪分だが、脂質のなかにはリノール酸やリノレン酸などの良質な脂肪酸がたっぷり含まれている。しかも、脂肪分の割合がそれほど高いのに、なんとコレステロール値はゼロなのだ。

さらに、ビタミン、ミネラル、抗酸化物質をバランスよく含み、美肌効果もあるといわれ、その栄養価の高さから、〝植物性の卵〟とたとえられることもある。

そう聞けば、「ぜひ、うちの庭でも育ててみたい！」と思う人がいるかもしれないが、クルミの栽培にはひとつ厄介なことがある。クルミの木を植えると、その木の下にはほかの植物が生えにくくなってしまうのである。

なぜか？ 植物の立場にたって説明してみよう。植物は、自分で生まれる場所を選べないし、いったんその場所に根を張ったら、動物のように動いて逃げることはできない。

しかし、黙って環境に甘んじているように見える植物も、じつは巧みに外敵の攻撃をかわしている。クルミの場合、攻撃をかわすどころか、積極的にほかの植物の生長を妨害するのだ。

どうやって？　じつは、クルミは、根っこから他の植物の生長を妨げる物質を分泌している。たとえば、オニグルミ類は、葉に含まれるユグロンという毒素で、他の植物を追い払い、自分がゆったり生育できる場所を確保しているのだ。

このように、植物が毒物質を分泌して他の植物の生長を妨げる現象を「アレオパシー」と呼ぶが、クルミ以外にもアレオパシーの例はある。

とりわけ有名なのは、雑草の代表格「セイタカアワダチソウ」である。セイタカアワダチソウは、その根からデヒドロ・マトリカリア・エステルという物質を出して、他の植物の生長を阻害する。

その能力によって、セイタカアワダチソウは空き地などで大繁茂するのだが、ボウボウに生えまくったあげく、自分の出した毒で〝自家中毒〟を起こし、自身の発芽を抑えてしまうことがある。そうして、いつのまにかススキなどに負けてしまい、空き地の主役が交代することになるのである。

4
料理と食品をめぐる美味しすぎる裏話

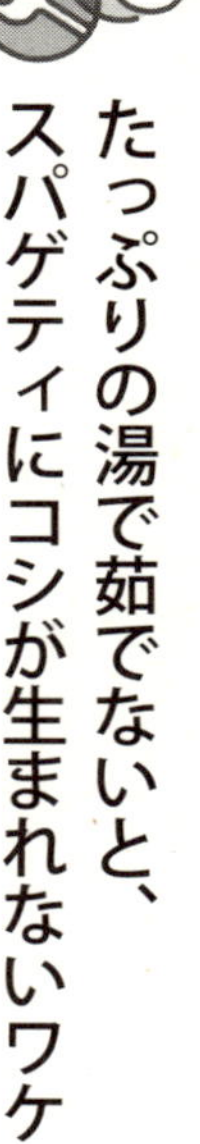

たっぷりの湯で茹でないと、スパゲティにコシが生まれないワケ

スパゲティを買うと、その袋に「6分」「7分」などと、茹で時間が大きく書かれているもの。目立つように書かれているのは、もちろん茹でる人に時間をしっかり守ってほしいからである。茹で時間を守り、たっぷりのお湯で茹でることで、初めてスパゲティ独特のコシが生まれるからである。

乾燥スパゲティを茹でると、水分がじょじょに内部へとしみ込んでいく。すると、麺の外側は水分が多くてやわらかいのに、中へ行くほど水分が少なくなって歯ごたえがあるという状態になる。

それが、いわゆる「アルデンテ」と呼ばれる状態だ。ところが、茹で時間を30秒でも過ぎると、中心まで水分がしみ込んでコシがなくなってしまう。

また、スパゲティは、１００℃のたっぷりのお湯で茹でると、デンプンの粒の中にきれいな網目状の構造が生じ、それが強いコシを作る。しかし、茹でている途中で温度が下がると、きれいな網目状にならない。

ゆで湯の温度が下がる原因は、湯量の不足や弱火、差し水である。まず、湯量が少ないと、デンプンが溶けだしやすくなって、コシが生まれにくくなる。さらに、溶けたデンプンが糊のような粘り気を生み、吹きこぼれしやすくもなる。そこで、あわてて差し水をすると、今度は湯の温度が下がって、デンプンの粒の中にきれいな網目ができなくなってしまうのだ。

デンプンの溶けだしを防ぎ、吹きこぼれしないようにするには、最初からたっぷりのお湯でゆでることが大切というわけだ。

市販のカレールウをめぐる知っていて損のない話

今日も、日本中の多数の家庭で、カレーライスが市販のカレールウから作られていることだろう。最近は、複数のカレールウを混ぜ合わせたり、チョコレートやインスタントコーヒー、シナモンパウダー、野菜ジュース、みそなどの隠し味を入れる家庭も増えているようだ。

ところが、あるカレールウメーカーの担当者は「隠し味を入れなくても、カレールウだけで十分おいしく食べられるんですけどね。他のメーカーのルウと混ぜるなど、もってのほかです」という。

カレールウは、数十種類のスパイスを混ぜているので、スパイスの組合せによって、香りや味は大きく違ってくる。カレールウメーカーでは、そのベストミックスを求めて、日夜努力している。他社のカレールウと混ぜるのは、その努力を水の泡にする行為だというのである。

カレールウの製造は、東南アジアやインドからスパイスを輸入することから始まる。スパイスは乾燥させた植物の状態なので、まず粉砕装置とフルイ装置で粉末化される。スパイスを粉末にすると、風味が出やすくなるうえ、口当たりがなめらかになる。

ところが、粉砕装置には摩擦熱を出すという特徴がある。そして、その熱によって香りの成分が失われたり、反対に焦げた臭いがついてしまうこともある。いったん焦げた臭いがつくと、その後、いくら焙煎したり、熟成させても意味がない。

そのため、粉砕装置はできるだけ摩擦熱を出さないように、冷却装置を備えたり、装置そのものの構造が工夫されている。

また、焙煎も、ちょうどいい時間をかけて行えば、いい香りが生まれるが、時間をかけすぎると焦げるし、足りなければよい風味が生まれない。

というように、市販のカレールウは、担当者が「そのまま食べてくださいね」と言いたくなるのもよくわかるほど、手間ヒマかけて作られているのである。

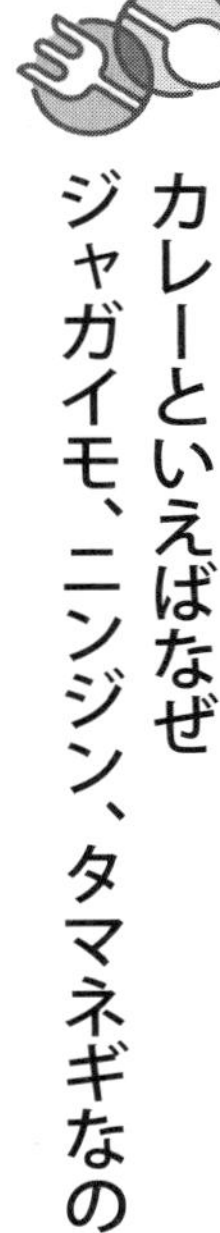

カレーといえばなぜジャガイモ、ニンジン、タマネギなのか

家庭で作るカレーライスには、ジャガイモとニンジン、そしてタマネギが入っているものだ。ところが、カレーの本場であるインドや東南アジアには、これら三種の野菜が同時に入っているカレー料理はまず存在しない。ジャガイモ、ニンジン、タマネギは、日本独自のトリオなのである。

カレーライスは、幕末から明治にかけて、イギリスから「西洋料理」として伝えられた。イギリスのパブなどでは、いまでも日本のカレーライスの原型ともいえる「カリ・アンド・ライス」が食べられる。1872年（明治5）、カレーライスのレシピが『西洋料理指南』や『西洋料理通』といった本で掲載され、翌年には陸軍の幼年生徒隊の食堂に昼食メニューとして加えられた。さらに4年後、東京の洋食レストラン

『風月堂』が、日本で初めてカレーライスをメニューに加えた。

しかし、当時のカレーライスには、ジャガイモ、ニンジン、タマネギはいずれも入っていなかった。そもそも、これら三種の野菜は、いずれも明治になってから伝わったもので、安定して栽培されるようになったのは明治も半ばになってからのことである。その後、カレーライスがさまざまにアレンジされていくなか、明治の終わり頃になって、三種が一緒にカレーに入れられるようになった。

1911年（明治44）に出版された『洋食の調理』の「ビーフカレーライス」の項には、「牛肉、バタ、カレールウ、鶏スープ、馬鈴薯、ニンジン、塩、玉葱、メリケン粉、牛乳」と材料が記されている。これらの三種を入れることで栄養バランスがよくなり、焦げ茶色にニンジンの赤い彩りも加えられる。「見た目でも食事する」といわれる日本人らしいアレンジだった。

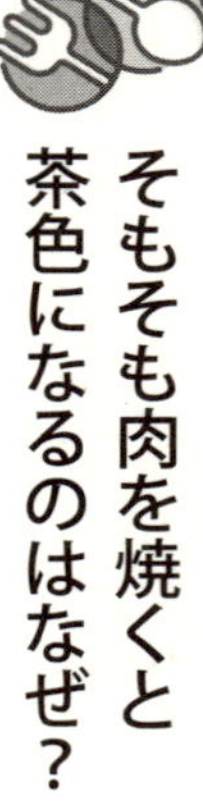

そもそも肉を焼くと茶色になるのはなぜ？

牛肉や豚肉などが赤いのは、肉に含まれているミオグロビンというタンパク質の影響。ミオグロビンは、酸素にふれると、鮮やかな赤色に変わるのだ。

そのミオグロビンの役割は、赤血球が運んできた酸素を受け取って、肉内部にまで届けること。その分、酸素と結合しやすい性質をもっている。

一般に、運動量の多い動物ほど、多量の酸素を必要とするので、ミオグロビン量が多くなり、その分、肉が赤くなりやすい。たとえば、長距離を泳ぐマグロなどの回遊魚は「赤身の魚」になり、ヒラメなど運動量の少ない魚は「白身の魚」になるというわけだ。

牛肉や豚肉を焼くと茶色くなるのは、酸化が赤くなるのを越えて、急激に進むから。肉は少し酸化すると赤くなるが、さらに酸化が進むと茶色くなるのだ。これには、ミオグロビンが少量の鉄分を含むことが関係している。

ドライカレーは日本にしかないメニューって本当？

「ドライカレー」と聞いたとき、どんな料理を思い浮かべるだろうか？

カレー風味のチャーハン思い浮かべる人もいれば、生の米と具材を一緒に炒めてから炊いたピラフ風料理をイメージする人もいるだろう。また、ひき肉とタマネギ、ニンジンなどをそぼろ状にした料理だと思う人もいるかもしれない。

以上のように、日本には現在、「ドライカレー」と呼ばれるものが、大きく分けても三種類ある。

しかし、外国で「ドライカレー」と言っても、いずれの料理も出てこない。「ドライカレー」は、キャッチボールやガードマン、スキンシップ、ベビーカーなどと同様に和製英語であるうえ、日本にしかないメニューなのである。

1911年（明治44）頃、日本郵船の客船だった「三島丸」の食堂でメニューに出されたのが、ドライカレーの第1号だったとみられている。白飯の上に汁気の少ないひき肉カレーを載せたものだった。

欧州航路の長旅でフルコースに飽きたり、夏バテで食欲不振になったお客さん用として、三島丸のシェフが考案した料理で、メニューには「ドライ・カリー」と書かれていた。

インドには、ひき肉をつかったキーマカレーという料理があるが、おそらくそのキーマカレーをヒントに考案されたとみられている。

白身魚のサケが赤いのはどうして？

サケは赤身魚か、白身魚か。

あらためてそう問われると、「？」と首をひねる人が多いのではないだろうか。サケの身を思い出してみても、赤身でもなければ白身でもない、赤と白を混ぜたようなサーモンピンクをしている。なかには、オレンジっぽい色のサケもいる。

専門的には、正解は白身魚になるという。

サケの身をすりつぶして水を混ぜ、漉してみると、透明な液体が出てくる。マグロのような赤身魚なら、ミオグラミンと呼ばれる赤い液体が抽出される。サケの身から透明な液体が出てくることは、タイやブリ、サンマなどと同じく、白身魚であることを示している。

では、なぜ、白身魚であるはずのサケの身は、サーモンピンク色をしているのだろうか。

それは、サケがオキアミをエサとしているためだ。オキアミをたくさん食べたサケほど、オキアミの色素を体内に取り込んでその身は色づき、赤に近い色に染まっていく。

そのサケの身がだんだん白っぽくなるのが、産卵の時期。身の赤みが卵のイクラに受け渡されて、親の体はしだいに白くなっていく。

ちなみに、サケの脂のノリは、その身の色で見分けられる。赤に近いものがもっとも脂のノリもよく、その次がピンク。白っぽい身は、脂のノリがよくない。

そういえば、日本人にもっとも人気のあるサケは、鮮やかな紅色をしたベニザケ。ただし、ベニザケの養殖ものには、エビの殻などをエサに混ぜて、身が赤くなるように人工的に工夫がされたものが少なくない。

同じ種類の魚のサケとマスが違う名前を名乗っているのは？

サケとマスは、姿かたちがよく似ている。川や湖で生まれ、海で育ち、そしてまた川をさかのぼって故郷に帰り、産卵するというところも同じ。どちらも身は薄赤色で、味もよく似ている。

いったい、サケとマスは何が違うのか、気になるところだが、じつはどちらもサケ科サケ属に属する魚であり、生物学的には違いがない。というか、はっきりいえば、サケとマスは同種の魚なのである。

それなのに、なぜ違う名前で呼ばれているのかというと、そこには長い歴史的経緯がある。

サケ、マスは、奈良時代に書かれた「風土記」にもその名が見られるほど、日本人と付き合いの長い魚である。昔の人がサケと呼んだのは今のシロザケであり、マスといえば今のサクラマスのことをいった。

現在は、サケにもベニザケ、ギンザケなどいろいろな種類があり、マスにもニジマス、カラフトマスなどがある。しかし、昔はシロザケとサクラマスしか知られておらず、この二種がサケ、マスと呼び分けられていたのだ。

サケ、マスの種類が増えるのは明治以降で、カラフトマス、マスノスケ（キングサーモン）、ニジマス（レインボートラウト）、ベニザケ、ギンザケなどが知られるようになったのだが、そこで問題が発生した。

「この魚は、ベニザケと呼んだほうがいいのか、それともベニマスと呼ぶべきなのか」という問題だ。

サケとマスも、同じサケ科サケ属に属する魚なのだから、どちらでもよさそうなものだが、名前が二つあると混乱を招くもとになる。そこで、ベニザケに関しては「ベニザケ」で統一されることになった。

なぜ、「ベニマス」でなく「ベニザケ」になったかというと、そう呼んだほうが高く売れたからである。

昔から、サケとマスでは「サケのほうが上等」とされてきたので、「ベニマス」とネーミングするよりも「ベニザケ」と呼んだほうが高級魚として扱われたのである。漁業関係者には、今も「マスよりもサケのほうが高級」＝「高く売れる」という意識が根強く残っているといわれる。

いったいなまこのどの部分を食べているのか

ナマコは、世界で約１５００種、日本では１８０種ほどが知られている。そのうち、日本人が食べているのは、マナマコという種類である。

マナマコは、円筒形をしていて、腹側に小さな吸盤状の足がついている。また、体の前端には口、後端には肛門がある。

一般的には、このマナマコの両端を切り落とし、内臓を取り出した残りの身を食用にする。薄切りにしたナマコを三杯酢でいただくのが、もっともポピュラーな食べ方だ。

また、取り出した内臓のうち、腸を塩辛にすると「コノワタ」、卵巣を塩辛にすると「コノコ」になる。いずれも珍味で、日本酒好きの人には、酒の肴としてよく知られている。

マナマコは北海道から九州まで生息しており、褐色の赤ナマコと、暗緑色の青ナマコがある。

赤ナマコのほうが肉厚で、身も柔らかくて味もいい。旬は冬で、水温が低くなると、岩場を歩くなど活動が活発になり、身がしまってくる。

マナマコ以外の種は、肉にホロチュリンという毒を含むので、生では食用にはできない。ただし、この毒は熱で分解するので、中華料理では、大型のナマコ類をカラカラに乾燥させて、イリコ（海参）と呼ばれる食材にする。イリコは水で戻してから熱を通すため、毒が分解され、食用にできるのである。

コンブでダシをとるなら利尻と羅臼がベストと言われる理由

吸い物や水炊き、煮物など、日本料理の味つけに欠かせないのがコンブ。ダシをとるのに使われるが、その味の秘密はコンブに含まれるうま味成分のグルタミン酸にある。

1908年、コンブにうま味成分のグルタミン酸があることを発見したのは、東京帝国大学の池田菊苗博士。博士は、湯豆腐を食べているときに、コンブだしのおいしさが「甘い」「しょっぱい」といった味覚ではあらわせないことに気づき、その不思議なおいしさに興味を抱いて、コンブの研究に取り組みはじめたという。

やがて、コンブからうま味成分「グルタミン酸」を抽出することに成功し、グルタミン酸は調味料として用いられるようになった。今では、うま味は「UMAMI」という国際語にもなっている。

ところで、和食の世界では、「ダシをとるなら羅臼(らうす)か利尻がいい」といわれる。コンブなど、どれも同じだと思っているかもしれないが、とれる場所によって種類が異なり、ダシに適しているもの、料理に使ったほうがおいしいものもある。

知床半島近辺でとれる羅臼コンブや、道北でとれる利尻コンブは、幅が広く肉厚なのが特徴である。

肉厚のコンブにはグルタミン酸がたっぷり含まれているだけでなく、固さがあって煮崩れしにくいため、よく澄んだきれいなダシがとれる。

一方、根室や釧路でとれるナガコンブのように、薄くて長細いコンブは、肉厚のコンブほど、グルタミン酸を豊富に含んでいない。

その反面、早く火が通って柔らかくなるので、こぶ巻きのような料理にすると、歯ざわりが柔らかくおいしく仕上がるのだ。

なお、だしのうま味をしっかり出したいときは、コンブとカツオ節、コンブと干しシイタケなど、ほかのダシと組み合わせて使うのがコツである。

たとえば、カツオ節に含まれているイノシン酸といううま味成分と、コンブのうま味成分・グルタミン酸が混ざり合うと、相乗効果を発揮して、よりおいしいダシをとることができるのだ。

他の魚よりタラが生臭く感じる原因は？

寒い季節のお楽しみ、鍋料理。その鍋に入れる魚といえば「タラ」を思い浮かべる人が多いだろう。タラは淡泊な魚で、ほかの素材の味を邪魔しないのが魅力だが、その反面「タラのニオイがどうも苦手で……」という人もいるものだ。

タラのニオイのもとは「トリメチルアミンオキシド」と呼ばれる成分。もともと、魚のうまみ成分のひとつなのだが、タラが死んで分解がはじまると、「トリメチルアミン」という物質に変わり、悪臭を発することになる。

トリメチルアミンオキシドは、ほかの魚にも含まれているのだが、タラはその量が飛びぬけて多い。その理由は、タラが水深550メートルという、アンコウよりも深い海に暮らしているから。トリメチルアミンオキシドは、水圧からタラの体を守る物質なのである。

加えて、タラは、保存がきかない魚の代表格とされる「サバ」以上に腐りやすい。その原因は、タラのエサのとりかたにある。

タラは自分ではほとんど動かず、そばにあるものを片っ端から食べていく。これは、タラが深海という厳しい環境で暮らしているために身につけたキャラクター。深海は獲物が少ないので、逃すわけにはいかない。だから、タラは、近くの砂や石ごと一緒に獲物を丸飲みしてしまうのだ。

むろん、飲みこんだ異物は消化しなければならないので、タラはほかの魚よりも強力なたんぱく質分解酵素を持っている。ところが、タラが死んだ後、この強力な分解酵素が自分自身の体すら消化してしまい、腐敗スピードを速めるというわけだ。

さらに、水温2～3℃という深海に棲むタラにとって、地上の温度は高すぎる。だから、他の魚よりもトリメチルアミンオキシドが分解されやすく、悪臭に変わりやすい。

というわけで、タラは新鮮なうちに調理しないと、おいしくは食べられないのだ。

どうして川魚を生で食べてはいけないといわれるの？

川魚には、寄生虫が棲みついていることが多い。寄生虫はまず淡水にすむ貝類などに寄生し、川魚がそれを食べることによって魚の体内に取り込まれる。その川魚を人間が食べると、こんどは人間の体内で悪さをしはじめるのだ。

人間にとって問題となる寄生虫には、どんなものがあるのだろうか？　川魚のなかでも、日本人がとりわけ好む魚といえばアユだが、じつはほとんどのアユには「横川吸虫」という寄生虫が棲みついている。小さいので肉眼で確認することはできないが、この寄生虫が人間の体内に入ると成虫となり、腸管に寄生するのだ。

少数なら自覚症状はないが、数が増えると下痢を起こし、血便が出ることもある。この吸虫は、アユの他に白魚、ウグイ、オイカワ、フナ、コイなどにも寄生している。

コイやフナに棲みつくのは「肝吸虫」。この寄生虫も体内で成虫となり、胆管や胆のうに寄生する。数が多くなると、下痢や貧血を起こし、放っておくと脾臓の腫れや肝硬変を起こすこともある。コイのアライを食べて感染することが多い。

ドジョウやナマズなどに寄生するのは「有棘顎口虫」。幼虫のまま人の皮下組織を移動して、虫が通ったあとは赤く腫れ、かゆみを感じる。さらに、幼虫が脳や眼球まで入ってしまうと、脳炎を起こしたり、失明することもあるというから恐ろしい。

いずれの川魚の場合も、寄生虫にパラサイトされる危険が高いのは、刺し身で食べたり、生焼けの魚を食べた場合だ。モノにもよるが、一般的には、川魚は生食せず、食べるときにはしっかり火を通したほうがいい。

美味しいハンバーグができるひき肉の〝黄金比率〟とは？

ハンバーグは、ひき肉の黄金比率「牛7、豚3」の合びき肉で作るのが最もおいしいといわれている。ハンバーグを看板メニューにしている洋食店にも、この黄金比率を採用しているところが多い。

しかし、料金を払って食べる客の立場からすると、どうしてもある〝疑惑〟が頭をもたげてしまう。「牛肉に豚肉を混ぜるのは、豚肉が安いからじゃ？」。つまり、うまいこと言って原価を下げ、もうけを出すために混ぜ物をしているのではないか？　という疑惑である。

そこで、じっさいに牛１００％のハンバーグと、合びき肉のハンバーグ2種類をつくって食べくらべてみると、あら不思議。合びき肉でつくったハンバーグのほうが、圧倒的においしいことがわかるのだ。

ハンバーグは、噛んだときの適度な弾力に加え、口のなかにジュワっと広がるジューシーな肉汁がおいしさの決め手となるが、牛100％のハンバーグでは、あの〝ジュワッ〟とした感じを味わえないのだ。

その理由は、牛肉と豚肉の性質の違いによる。家庭の主婦なら経験的に知っているだろうが、牛ひき肉をフライパンで炒めると、肉汁が大量に流れ出て、肉の一粒一粒の縮みが激しい。それに対して、豚ひき肉は、流れる肉汁の量が少ない。豚ひき肉を混ぜると、流れ出る肉汁が少ない分、ハンバーグがよりジューシーになり、おいしく感じるのである。

ただし、豚肉をより多く入れればおいしさが増すかというと、そういうわけでもない。調査では、牛7、豚3の割合で、つくったものに対してもっとも多くの人が「おいしい」と答えたという結果が出ている。黄金比率の〝噂〟はウソではなかったのである。

ただし、肉汁の流出を防ぐには、ただ豚肉を3割混ぜればよいというものでもない。ハンバーグの「こね」の作業が甘いと、やはり肉汁が多く流れてしまうからだ。つなぎや塩をいれてよくこねることで肉は網目状の構造をつくり、加熱しても肉汁をしっかり抱えこむことができる。

最近では、何でも時間を短縮する〝時短料理〟が流行っているが、くれぐれもハンバーグの「こね」を急がないように。

「寒い日が続くとホウレンソウが美味しくなる」の法則

「ホウレンソウ」はポピュラーな野菜だが、その名を漢字で書けるのは、漢検1級クラスの人に限られるだろう。「菠薐草」と書くのだが、これは「菠薐国」から中国に伝来したことに由来する。ホウレンソウは、かつて中国で、菠薐国と呼ばれていたペルシャ原産の野菜なのだ。日本には、中国から16世紀頃に渡来したとみられている。

そのホウレンソウ、今では一年中出回っているが、もともとは冬野菜で、旬は11月から2月にかけて。とりわけ、ホウレンソウは、急激に冷え込んだ時期に収穫すると、よりおいしいといわれる。

なぜ、そうなるのだろうか？　それは、ホウンレンソウが寒波に対して、自らを守ろうとするから。

冷え込むと、ホウレンソウは凍結から身を守るため、体内の水分を外部に排出する。すると、水分が少なくなった分、糖度が高まり、うま味も増えるのだ。それとともに、葉はやわらかくなっていく。

そもそも、ホウレンソウは、日本国内では、比較的涼しい地域で生産されている。県別では、首都圏の千葉県や埼玉県の生産量が多いが、市町村別でみると、岐阜県の高山市がトップなのだ。

世界的にみると、日本の生産高は、中国、アメリカに次ぐ世界3位。日本人は、世界的にみて、相当ホウレンソウ好きの国民といっていいようだ。

ゴボウの皮をきれいに剥ききってしまってはいけない

ゴボウを調理するとき、皮を剥ききってしまうのは、古くからNGとされてきた。ゴボウの皮むきは、タワシでこする程度か、包丁の背でこそげる程度にするというのが、古くからの下ごしらえマニュアルだ。

その理由は、ゴボウは、中心部よりも、皮とその近くに栄養やうまみ味が凝縮していること。きれいに皮を剥こうとすると、せっかくの栄養分やうま味を捨てることになってしまうのだ。中心部と皮で栄養やうま味に違いがあるのは、ゴボウの細胞構造が中心部と皮では大きく異なっているから。中心部と皮の間には、水を吸い上げる導管が通っているのだが、ゴボウはその内側と外側では細胞構造が大きく異なる野菜なのだ。

導管の内側、つまり中心部の細胞は、ゴボウ本体を支えるための組織を構成しているので、硬いうえ、うま味に乏しい。一方、導管の外側、つまり皮の細胞は、ゴボウの生長に欠かせない細胞で、アミノ酸やグルタミン酸などを豊富に含んでいる。その分、ゴボウ独特のうま味をおいしく味わえる部位というわけ。

大豆以外の豆で納豆を作ることはできるか

「大豆」は、豆腐、味噌、醤油、きな粉、豆乳などの材料になる基本食材中の基本食材。むろん、「納豆」の素材でもあり、納豆は、納豆菌が大豆のタンパク質を分解することによってできる食品だ。その分解過程で、納豆菌は、大豆の含むアミノ酸のうち、グルタミン酸だけをつなぎ合わせて、ポリグルタミン酸をつくり出す。それが、納豆の〝ネバネバ〟の正体だ。

では、大豆以外の豆でも、納豆菌を加えれば、ネバネバのある「納豆」になるだろうか？　答えは、「なる豆もあれば、ならない豆もある」。そのカギを握っているのは、その豆が含んでいるタンパク質の含有率である。

まず、タンパク質を25％ほど含んでいる落花生は、納豆になる。一方、タンパク質を20％ほどしか含んでいない小豆では、納豆はできない。

なお、大豆のタンパク質含有率は、約35％。さすが、「畑の肉」と異名をとるだけのことはある。

冬キャベツがサラダにもうひとつ向いていないのは？

日本人はキャベツ好きの国民で、キャベツ類の生産高では世界第7位の座を占める。

キャベツは、季節によって出回る種が分かれ、まず冬キャベツは11月から翌年の3月ごろにかけて出回り、4～6月は春キャベツの季節になる。その後、7月から10月には、高原キャベツとも呼ばれる夏秋キャベツが出回る。

それらのキャベツは、調理法に関して向き不向きがある。たとえば、冬キャベツは煮込み料理に向いている一方、サラダには不向き。トンカツや焼き肉のつけあわせ野菜としてもいま一つだ。サラダや生食には、春キャベツを使ったほうがおいしくいただける。

冬キャベツがサラダや生食に向かないのは、肉厚だから。煮込めば食べ応えのある食感に仕上がるが、生のままでは固くてフレッシュ感に乏しい。一方、春キャベツはやわらかいうえに水分をたっぷり含んでいるので、サラダにすれば、みずみずしくシャキシャキ感を味わえるし、トンカツなどの付け合わせにすれば、肉汁やソースをからめとってくれる。

というわけで、サラダや生食には不向きの冬キャベツだが、煮込み、炒め物、漬物と用途は幅広く、生産量はもっとも多い。その選び方は、肉厚という特性に応じて、ズシリと重いものを選ぶこと。重く感じるキャベツほど、中身がしっかり詰まっている。一方、春キャベツは、やわらかさを特徴としているため、やや軽めのものを選びたい。

タマネギを炒めるのに昔より時間がかかるようになったワケ

カレーライスや炒めもの、シチューなど、いろいろな料理に使えるタマネギ。最近、そのタマネギを炒めるとき、「なかなかしんなりしないなァ」「昔より時間がかかるな」と感じている人は少なくないだろう。

料理のプロによると、30年前なら1分半ほどで炒められた量を炒めるのに、いまでは5分以上もかかるという。その原因はタマネギが品種改良されたことにある。

昔のタマネギには、大地の恵みである水分がたくさん含まれていた。そのため、強火で炒めると水分がどんどん蒸発して、タマネギは短い時間でシナっとなったのである。

ところが、この30年の間に、タマネギは品種改良が重ねられ、消費者ウケを狙って、外見のいいものがつくられるようになった。また、生産者向けに量産のきく品種に変えられ、さらに流通業者のために、耐久性のあるタイプに改良されてきた。

その結果、含んでいる水分量が少なくなり、長時間炒めなければ、しんなりとしないタマネギができあがったというわけである。

しかも、水分が少なくなるとともに、タマネギ本来の甘味やうまみまで乏しくなってしまった。そのため濃い味つけをする必要もでてきた。

消費者、生産者、流通業者のどれにも気に入られようとした八方美人のタマネギは、いまや〝厚化粧〟をしないと、人前に出られなくなっている。

加熱すればするほど甘くなるタマネギの不思議

そのタマネギは加熱すると〝豹変〟する野菜だ。生のタマネギはとにかく辛く、包丁を入れれば涙が出てきて、大量に食べると汗が噴き出してくる。しかし、炒めたり、煮たりすると、驚くほど甘くなる。

そのような変化が起きるのは、加熱することによって、辛みと甘みのバランスが一変するからである。

意外なことに、生のタマネギには、イチゴと同程度の糖分が含まれている。にもかかわらず、「辛い」と感じるのは、生の状態では、甘み成分よりも辛み成分のほうが強く働くから。辛みの陰に、甘みが隠れてしまっているのである。

ところが、加熱すると、辛み成分をつくる酵素が働かなくなり、その一方で甘み成分が増えていく。どれくらい増えるかというと、生の状態で100gの中に8gの糖分があった場合、3分間炒めると糖分は12gに増え、10分間炒めると25g、20分間では33gにも増えるのだ。また、加熱すると水分が飛ぶので、甘みが凝縮し、より甘みを強く感じるようになるのである。

つまり、タマネギは、加熱すればするほど甘くなっていくわけだ。タマネギ独特の辛味が苦手な人にとっては、「タマネギは加熱するに限る」と思うだろうが、生には生の良さもある。タマネギに血液サラサラ効果があることは、よく知られているが、その効果をもたらす成分は生のタマネギにしか含まれない。加熱すると、血液サラサラ成分が失われてしまうのだ。

どうして、大根の上と下で味が全くちがうのか

大根おろしや漬け物、ふろふき大根や正月の紅白なますなど、1年を通じて活用範

囲の広い大根。最近では、丸ごと1本買っても使いきれない人のために、上下半分に切り分けたものが売られている。

そのさい、あなたは、大根の上と下、どちらを買っているだろうか。「どっちも同じ」と思っている人もいるかもしれないが、じつは大根は上部と下部の味がまったく異なる野菜なのだ。

大きな違いは「辛味」の違いである。同じ大根の上、真ん中、下をそれぞれおろして食べてみると、上のほうは甘いのに、しっぽのほうに行くにしたがって辛味が強くなることがわかるはずだ。

だから、ピリっと辛い大根おろしが食べたいなら下半分を、ふろふき大根のように大根の甘みさを味わいたい場合は、上半分を買うのが正解ということになる。

しかし、同じ大根なのに、下のほうが辛くなるのは、どういうことだろうか？これには、大根の成長過程が関係している。

大根は成長が早い野菜で、ときには内側からメリメリと皮を破ってしまうほど急激に大きくなる。なかでも成長が早いのは、大根の先端（しっぽ）部分。そこに辛味が集中するのは、外敵から身を守るためである。

大根の辛味成分には抗菌作用があり、土のなかにいる細菌や害虫を追い払うという役割があるのだ。もうひとつ、大根には多くの酵素が含まれているが、成長の激しい先端にいくほど、酵素の力も強くなる。

大根の辛味を発生させるのは、「ミロシナーゼ」と呼ばれる酵素の働きによるもの。大根をすりおろすと、辛味成分のモトとなる物質とミロシナーゼが混ざり合う。すると、辛味成分のモトが酵素の力で分解され、ワサビのようにツーンと刺激的な辛味を発生させるのだ。

その酵素が、成長の著しい大根の先端部にたくさん含まれているため、下半分をおろしたときのほうが辛味が強くなるのである。

これといって味のないナスが料理に欠かせないのは？

健康や美容に気を使っている人は、ふだんから野菜メインの食事を心がけていることだろう。生活習慣病を予防するためにも、ビタミン、ミネラル、食物繊維が豊富な野菜をたっぷりとるのが一番。一日に４００グラムの野菜を食べるのが理想的だといわれる。

しかし、野菜なら、どの種類でもどんな調理法でもヘルシーに食べられるかというと、そうとは限らない。

たとえば、ナスは、たくさん食べようとすると、カロリーオーバーになりやすい。ナスは油との相性がいいため、揚げナス、天ぷら、味噌炒めなど、油をたっぷり使って調理されることが多い。しかも、ナスは油の吸収力がずば抜けて高いのである。

キャベツやニンジンと一緒に油で炒めてみると、吸収力の違いは一目瞭然だ。油をケチったりすると、ナスが油をぜんぶ吸ってしまい、キャベツやニンジンまで油が回らなくなってしまう。だから、ナスを調理しようとすると、いよいよもって油をたっぷり使うことになりやすい。

もっとも、その吸収力がナスのおいしさの秘密ともいえる。ナスは「おいしい野菜」と多くの人が思っていても、改めて「ナスってどんな味？」と問われたら、「？」と首を傾げる人も多いのではないだろうか。

よく考えてみれば、ナスにはこれといった味がない。それがおいしい料理に変わるのは、油やだし汁などをたっぷり吸いこむという性質をもっているからだ。炒め物なら、油をたっぷり吸い込んだナスのほうがおいしいし、煮物にしても、煮汁がしっかりしみているナスほど、おいしく感じる。

では、ナスにそれほどの吸収力があるのはどうしてだろう？　それは、ナスの細胞がスポンジ状の構造だから。細胞間には隙間があり、毛細管現象によって油をぐんぐん吸い上げるのである。

生のナスより、茹でたナスのほうが、たっぷりと汁を吸いこむのは、茹でることでスポンジ構造から空気が抜けるからである。食器洗い用のスポンジを、手でギュッと握ってから水に浸すとよく吸収するように、ナスも茹でて空気が抜けた状態のほうが、吸収力がさらに高まるのである。

グリーンピースを美味しく食べるちょっとしたコツ

名前のとおり、みずみずしい緑色がさわやかなグリーンピース。冷凍や缶詰めではよく見かけるし、「シュウマイの飾り」としても有名だが、「グリーンピースって、何の豆？」という問いに答えられる人は、そう多くはないだろう。

グリーンピースはエンドウ豆の未熟な実で、成熟する前に収穫したものである。ふつう果物でも野菜でも、熟したもののほうがおいしいはずだが、グリーンピースは未熟なうちに収穫してしまう。

その理由は、熟すとかえってうま味が減ってしまうからだ。うま味成分の量を比較すると、熟す前と熟した後では、未熟な状態のグリーンピースのほうが、うま味成分をたっぷり含んでいるのだ。

エンドウは、花が咲いて実をつけると、うま味や甘みをどんどん豆に貯めていく。しかし、豆が熟していくうちに、甘みはでんぷんに、うま味はたんぱく質へと変化してしまう。

でんぷんやたんぱく質に変わってしまうと、甘みやうま味を感じにくくなるため、まだ未熟なうちに収穫してしまうのだ。

ただし、甘みもうま味もたっぷり含まれているはずのグリーンピースも、保管状態によっては、どんどん味が落ちてしまう。収穫後のグリーンピースも、早く熟して〝大人の豆〟になろうと、甘みやうま味をでんぷん質とたんぱく質に変えようとするからである。

そこで、グリーンピースの甘みやうま味を存分に味わうには、旬を迎える初夏の頃、店頭に並ぶさやつきのグリーンピースを選ぶのがベストになる。そして、買ってきたグリーンピースを常温で放置しておくと、どんどん成熟してしまうので、冷蔵庫のチルド室で保管するといい。

また、さやをはずすと、味が落ちてしまうので、調理の直前にさやから出すようにしたい。

茹でるときのコツは、熱湯で2～3分茹でたあと、鍋に入れたまま自然に冷えるのを待つか、鍋に流水を入れてゆっくりと熱をとることだ。茹であがったグリーンピースを、いきなり冷水につけて熱をとるとシワシワになってしまうが、ゆっくり冷ませば、皮はピーンとはったまま。ぷりぷりの食感を楽しめる。

ニンジンの皮をめぐる〝噂〟を検証する

料理に美しい彩り(いろど)を添えるニンジンのグラッセ。レストランでは、見栄えをよくするために、全体をキレイに面とりしてグラッセにするが、家庭でニンジンを調理するときは、皮をむく必要はない。

そもそも、われわれがニンジンの皮だと思っているのは、皮ではないのである。では、ニンジンに皮はないのかといえば、そんなことはない。ニンジンの本当の皮は「内鞘細胞（ないしょう）」と呼ばれるもので、ごくうすい膜のようなもの。キレイに洗うと、汚れや泥などと一緒に落ちてしまうのである。

だから、出荷時に泥を落とされ、スーパーに並んでいるニンジンは、すでに「皮むきニンジン」の状態である。

それを買ってきて、家庭でさらにむいてしまうのは、じつにもったいない話。食べる量が減り、ゴミを増やすだけといえる。

そのニンジンに、栄養たっぷりのカロテンが含まれていることは、みなさんもご存じの通り。あの色鮮やかなオレンジ色がカロテンの色素で、カロテンを食べると、体内でビタミンAに変わる。

そのカロテンは、最近では〝ガン抑制〟成分として注目を集めている。「カロテンをたっぷり含む食品を積極的にとれば、肺ガンの予防になる」というレポートも発表されている。

さらに、カロテンが変化してできるビタミンAは、食道がん、咽頭がんの予防にもなり、朝、一杯のニンジンジュースを飲めば、がんのリスクをおさえられるというのだ。じっさい、緑黄色野菜の中でも、ニンジンのカロテン含有量はズバ抜けて高い。50グラムほど食べるだけで、成人1日に必要な量のビタミンAをまかなえるほどだ。

そのカロテンが豊富に含まれているのは、ニンジンの内側ではなく、外側の部分。つまり、皮と思って表面をそいでしまうと、食べる部分が減るだけでなく、大切な栄養素まで捨てることになってしまうのである。

切り方によってピーマンの匂いが違うのはどうして？

子供が嫌う野菜といえば、ピーマン。子どもの頃、「好き嫌いはダメ！」と叱られて、皿に残したピーマンを泣く泣く食べた記憶がある人もいるだろう。

近年は品種改良がすすみ、昔のようなクセのあるピーマンは減っているが、ピーマンの嫌われぶりは相変わらずのようだ。細かくきざんで好物のハンバーグに混ぜたりして何とか食べさせようとする母親と、ピーマン独特の香りを嫌う子どもとの根くらべは、今も続いている。

たしかに、ピーマンには、独特の匂いと苦味がある。大人のなかにも、「どうもピーマンの青臭さが苦手で……」という人がいるかもしれない。

あの匂いは「メトキシピラジン」という物質で、ふだんは捨ててしまう種やワタの部分に多く含まれている。この物質には血液をサラサラにする働きがあり、脳梗塞や心筋梗塞などを予防する効果があるともいわれている。

そのほかにも、ピーマンはカロテンやビタミンをたっぷり含んでいる。と聞けば、ピーマン嫌いの人も、何とかして食べたくなってはこないだろうか。そんな人のために、ピーマンの青臭さをやわらげる切り方を紹介しておこう。

匂い物質であるメトキシピラジンは、ピーマンの細胞のなかに含まれている。その細胞は細長い形をしていて、タテ方向に（ピーマンのヘタからお尻に向かって）並んでいる。

だから、ピーマンを調理するときは、その細胞をなるべくこわさないよう、ヘタからお尻に向かってタテに包丁を入れればよいことになる。それとは逆に、ピーマンをヨコ方向に切断する（輪切りにする）と、タテに切ったときよりも数多くの細胞がこわれるため、匂い物質が多量に発生するのである。

むろん、「あの青臭さがいいんだよね」という人は、輪切りにすればよい。ピーマン独特の香りをいっそう楽しむことができる。

最近は、色あざやかな赤ピーマンや黄色ピーマンなども出回っているが、青臭さが少ないぶん、血液サラサラ効果も低くなるとか。

どうしてニンニクは干して保存するのか

人類の長い歴史からいうと、冷蔵庫が登場したのはごく最近のこと。それまで人類は、食料貯蔵のためにさまざまな知恵を絞ってきた。

ニンニクを干す、というのもそのひとつだ。今でも農村に行くと、軒下にニンニクが吊されている光景を見かけるもの。あれも、ニンニクを長く保存するための生活の知恵である。

農家では、ニンニクを収穫すると、まずは風通しのよい軒下や納屋に干す。それがフルーツの柿なら、〝干し柿〟になってしまうが、ニンニクの場合は、干しても中身に影響はない。しかも、病気や腐敗の予防になるのだ。

収穫したてのニンニクは水分が多いぶん、病気や腐敗の原因となる微生物が侵入しやすい。そこで、微生物をつきにくくするために軒下に吊るし、表皮を乾燥させるというわけだ。

また、ふつう、野菜や果物を乾燥させるとしなびてしまい、鮮度がよい状態を保てない。ところが、ニンニクの場合、表皮を乾燥させると、それが〝フタ〟の役割を果たして、かえって内部からの水分蒸発を抑えられるのである。

とはいえ、いつまでも干していれば、さすがに内部の水分も蒸発してしまう。乾燥の目安は一ヶ月ほどで、あとは冷蔵庫で保存したほうが鮮度を長く保つことができる。

冷蔵庫で保存する場合は、新聞紙に包んでチルドルームに保管するのがベター。ニンニクが大量にあるときは、一粒一粒皮をむいて、ラップに包んで冷凍庫で保存するという手もある。

また、しょう油や味噌、オリーブオイルに浸けて保存しておくと、料理の味つけに重宝する。オイル付けはガーリックトーストやパスタの味つけに、しょうゆ漬けは焼肉や野菜炒めのタレに、ニンニク味噌を白身魚に塗ってグリルで焼いてもおいしくいただける。

食べる場所によって、白菜の味はどう変わる？

白菜を料理に使うときは、外側の大きく広がった葉はベリっとはがして、ゴミ箱にポイ！　というのが普通だろう。

躊躇もなく捨てられるのは、「白菜の外側の葉は、おいしくない」ことを誰もが経験的に知っているからだろう。

その経験知は正しい。科学的に調べても、白菜の外側の大きな葉と中心部の小さな葉では、味や栄養価にかなりの違いが見られるのである。

まずは糖度から見てみると、外側の葉の糖度は4％から5％。それに対して中心部分の糖度は7％から10％で、葉によってはイチゴと同程度の甘みがある。うまみ成分のグルタミン酸も、外側より中心部分に多く含まれている。

では、白菜の甘み・うまみが中心部に集中するのはなぜか？　その答えは、白菜の外葉を「親」、中心の葉を「子」と考えると、理解しやすい。

白菜が成長するとき、まずは大きな葉が外側で広がった後、中心部をおおうように、ドーム状に葉が丸くなっていく。若い葉は、そのドームの中で生まれ、育つというわけだ。

つまり、中心部の若い葉は、揺りかごに入った赤ちゃんのようなもの。むろん、赤ちゃんは大切に育てなければならない。

そこでどうするかというと、赤ちゃんは、外側の葉（親）から栄養をもらって育つのである。そうして、外側の葉がつくりだす栄養は、若い葉に片っ端からとられてしまう。

「でも、それは生長するときの話で、収穫後は関係ないのでは？」と思うだろう。しかし、白菜の中心部は、収穫後も生きていて、外葉から栄養をもらっている。白菜をタテ半分に切ってしばらく置くと、中心部分の葉が立ち上がってくるが、あれは若い葉が成長しているからなのだ。

では、外側の葉は捨てるしかないのかといえば、そんなことはない。白菜を買ってきたら、中心部分の若い葉を早めに取り除いて、そこから食べてしまえばいい。そうすると、外側の葉にもちゃんと栄養が残るのだ。

パン粉が湿っている方が、揚げ物がサクサクになる理由

最近は、フライ料理や天ぷらをスーパーで買ってくる人が増えているが、そうした揚げ物は、揚げたてのアツアツの状態がもっともおいしいもの。できれば、家で料理して揚げたてを食べたいものだが、その場合、衣をサクサクに揚げるコツとして知られているのが、あらかじめパン粉を湿らせておくことである。

乾燥パン粉に霧吹きで水をシュッ、シュッとかけて、5分ほど置く。すると、パン粉がしっとりするので、エビやカキなどの素材に小麦粉、溶き卵をつけた後、その湿ったパン粉をすばやくまぶす。そうしてから揚げると、衣はサクサク、中身はジューシーな揚げ物ができあがるというわけである。

その揚げ物をよく見ると、衣の表面に細かい穴がたくさん開いているはず。それは、衣の水分が高温の油で過熱され、蒸発したあとの穴だ。そうして水分が蒸発することでカラッと揚がり、さらに無数の小さな穴のおかげで、食べるとサクサクとした食感が得られるのである。

また、パン粉の水分が抜けるまで、素材表面の温度が急激に上がらないため、揚げすぎを防ぐという効果もある。

ちなみに、水分が多すぎると、油がはねるので、霧吹きで湿らす程度でよい。また、市販のパン粉は、あらかじめ水分を含んでいるので、確認してから使いたい。パン粉を手作りする場合は、スライスした食パンの耳を2日ほど干してからミキサーにかけ、湿らせてから使うとよい。

知っているようで知らない食中毒のキホン

食中毒が細菌によって起きることは常識だが、細菌は肉眼で見ることができないため、なかなか実感がわかないものだ。いったいわれわれの身の回りには、どれくらいの細菌がいるのだろうか。

保健所がある弁当店を調査したデータがあるので、それを紹介してみよう。従業員の手指、まな板、包丁を無菌ガーゼで拭き取り、そのガーゼについた細菌数を数えた調査だ。このテストでは、１００万個以上の細菌がついていた場合は不合格としたのだが、その結果は、従業員の手指で17%、まな板で50%、包丁で33%が不合格となった。なかなかショッキングな数字である。

衛生管理者のいる専門業者でこの成績だから、家庭の調理器にはもっとたくさんの細菌がいると考えていい。

家族の誰かが突然下痢をしたときなどは、風邪と決めつけず、細菌による食中毒の可能性も疑ってみたほうがいいだろう。

とくに細菌が増殖しやすいのがフキンである。フキンを濡れたまま置いておくといやなにおいがしてくるものだが、そうなったフキンには、何億もの細菌が生息しているという。

フキンについた細菌は、洗剤で洗って日干しをしても完全には死なない。薄めた塩素液に浸して殺菌しなければならない。回数は、夏は週に3、4回、冬は1、2回が目安となる。

まな板や包丁も、同様である。日干しをしても、まな板の切れ目に入り込んだ菌には太陽の紫外線が届かないので、やはり塩素液で殺菌する必要がある。

それと、料理をするときには、手をよく洗うこと。調理器や食器を殺菌しても、手に細菌がついていたのでは意味はない。

調理人の「バンソウコウ」を見たら要注意のワケ

寿司職人にとって、手は大切な商売道具。一流の職人は、仕事場ではもちろんのこと、仕事以外でも手や指にケガを負わないように注意を払っている。指先に小さな切り傷が一つあっても、店に立てなくなるからだ。

これは傷が痛くて、シャリを握れなくなるからではない。お客が食中毒を起こす危険性があるためである。

体に傷ができると、それを治そうと、体内からリンパ液がにじみ出てくるが、このリンパ液は食中毒菌の一つである黄色ブドウ球菌の大好物なのである。傷のある手で寿司を握ると、傷口の周りで繁殖した黄色ブドウ球菌が寿司につき、それがもとで食中毒を起こす恐れが高まるのだ。

そのため、寿司職人の間では、手を傷つけたら店には立たないというのが常識になっている。

しかし、寿司職人以外の他の料理の調理人は、案外、このへんの意識が甘い。ちょっとした切り傷くらいだと、バンソウコウを貼って、そのまま店に出る人もいる。そういうバンソウコウを貼った調理人を見たら、食中毒の黄信号だと思ったほうがいい。

そもそもバンソウコウを貼ったからといって、食中毒菌の発生を防げるわけではない。むしろ、その逆で、バンソウコウは菌の巣といってもいいほどだ。調理人は水を使うので、バンソウコウはすぐに湿り、汗やリンパ液などが栄養分となって、菌の増殖にはうってつけの環境となるのだ。

たまに、指サックをつけている調理人もいるが、これも衛生面では感心できない。菌をシャットアウトするほどぴったりと密閉することは、指サックでは不可能だ。

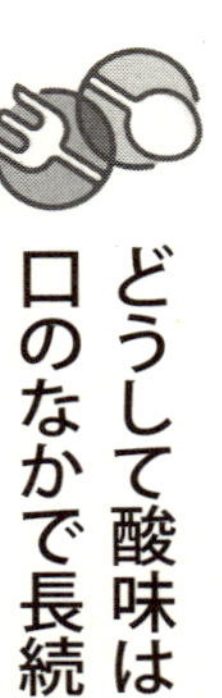

どうして酸味は口のなかで長続きしない？

酸っぱい味というのは、他の味に比べて、口の中であまり長続きしない。

たとえば、タイ料理などでトウガラシの小片をつい食べてしまうと、「辛い、辛い、辛い！」と大騒ぎした後も、口の中がしびれたような状態になって辛みがいつまでも残る。

それに対して、梅干しやレモンの酸味は、「すっぱ〜い」と言った後、ほどなく口の中から酸味が消えていく。

これは、唾液の作用によるものだ。そもそも、酸味は、水素イオンの味といってもいいくらい、水素イオンが関係しているが、唾液にはその水素イオンを減らす働きがあるのだ。

梅干しやレモンと聞いただけで、唾液がジュワッと出てくる条件反射が起きるが、それも唾液で酸味を抑えようとするからである。

しかも、唾液の成分中、酸味をおさえる「重炭酸イオン」は、速いスピードで分泌され、分解していく。そのため、酸味は口の中で急速に抑えられ、その酸っぱさがすばやく消えていくのである。

また、唾液のネバネバのもとであるムチンも、歯や粘膜にくっついて薄い膜を作っている。その膜が、味を感じる味蕾（みらい）の表面をおおうのだが、その膜にも酸味を抑える成分が含まれている。

なお、人は酸っぱさを感じると、顔をゆがめたり、くしゃくしゃにしたりするものだが、これは、酸っぱいものは腐っていることがあるので、表情豊かな霊長類がその食べ物の状態に関して、仲間に警告を与えたというのが始まりではないかと考えられている。

機種によって意外とクセがある「オーブン」の話

前に使っていたオーブンでは、180℃で15分焼くと、ちょうどいい焼き色がついたのが、新しいオーブンにしたら、同じように焼いても、色が白いままということがある。

オーブンをよく使う人は、ご存じだろうが、オーブンは機種によって設定温度や時間を同じにしても、焼きあがりにかなりの違いが生じる。

それを、一般にオーブンの「クセ」と呼ぶが、そのクセを生む原因は、食品への熱の伝わり方の違いである。

たとえば、対流式オーブンは、機種によって、庫内に吹き出される熱風の勢いが違う。勢いがいいほど、食品に熱が伝わりやすいので、焼きあがりまでの時間は短くなる。ただ、その分、食品表面の水分が蒸発しやすくなり、パサついた仕上がりになりやすい。

一方、輻射（ふくしゃ）式オーブンでは、ヒーターや側面から放射される赤外線の波長によって、焼きあがりまでの時間や仕上がり具合が異なってくる。また、赤外線は、壁面の温度が上がると放射されるが、壁面の材質によっても、赤外線の波長が違ってきて、焼き色や仕上がり具合が変わってくる。

さらに、庫内の広さや寸法、ヒーターの取り付け方もクセの原因となるし、天板を使う場合は、天板の材質や色もクセの原因となる。天板が薄いと、何度かつかううちにゆがみや焼きムラの原因になることもある。

というわけで、オーブンを使いこなそうと思えば、まずはそのオーブンのクセを知ることが必要になる。同じものを何度か焼いてみて、微調整していけば、そのオーブンのクセにあった焼き方がわかってくるものだ。

COLUMN 2 あの食べ物のネーミングの由来を知っていますか

カルパッチョ――もともとどういう意味？

イタリア料理のカルパッチョは、牛フィレ肉の薄切りに、オリーブオイルやチーズをかけて食べる料理。ヴェネチアの「ハリーズ・バー」という店で生まれた料理で、カルパッチョという名前はヴェネツィアでも活躍した近世の画家、ヴィットーレ・カルパッチオにちなんでつけられた。

ブイヤベース――もともと、どういう意味？

ブイヤベースは、南フランスのプロヴァンス地方の名物料理。魚介類とトマト、タマネギなどにオリーブ油、塩、こしょうを加えて、煮込んだ料理だ。このブイヤベースのルーツは、ギリシャの魚料理、「カカヴィア」だといわれ、これが南フランスに伝

わって、「煮立たせる」「火を弱める」という二つの意味の言葉からなるブイヤベースとネーミングされた。

モロヘイヤ――この名前の意味は？

野菜のモロヘイヤの原産地は、エジプトを中心とする中東。モロヘイヤとは、アラビア語で「王家の野菜」という意味で、「王家のもの」という意味の「ムルキーヤ」がその語源。クレオパトラも食べていたと伝えられる長い歴史をもつ野菜だ。

XO醤――「XO」って何のこと？

中華料理用の高級調味料「XO醤（ジャン）」は、香港の超一流ホテル・ペニンシュラホテルのレストランで生まれた。材料に、干し貝柱や干しエビ、魚の塩漬けや中国ハムなどをふんだんに使っているので、「ブランデーならば、XOに相当する最高のもの」という意味で、XO醤とネーミングされた。なお、ブランデーのXOは「Extra Old」の略。

プリマハム――「プリマ」って、どういう意味？

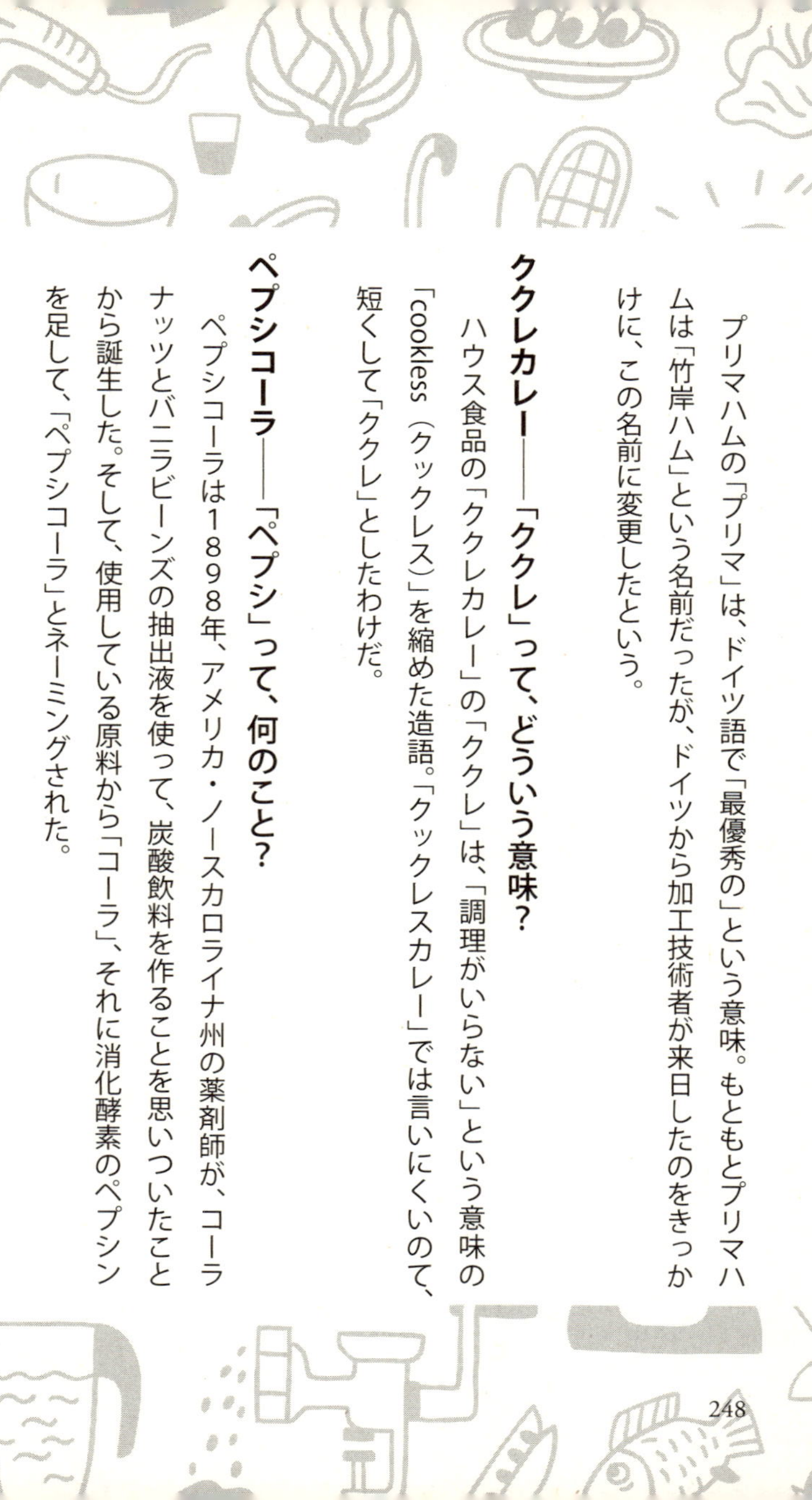

プリマハムの「プリマ」は、ドイツ語で「最優秀の」という意味。もともとプリマハムは「竹岸ハム」という名前だったが、ドイツから加工技術者が来日したのをきっかけに、この名前に変更したという。

ククレカレー――「ククレ」って、どういう意味?

ハウス食品の「ククレカレー」の「ククレ」は、「調理がいらない」という意味の「cookless（クックレス）」を縮めた造語。「クックレスカレー」では言いにくいので、短くして「ククレ」としたわけだ。

ペプシコーラ――「ペプシ」って、何のこと?

ペプシコーラは1898年、アメリカ・ノースカロライナ州の薬剤師が、コーラナッツとバニラビーンズの抽出液を使って、炭酸飲料を作ることを思いついたことから誕生した。そして、使用している原料から「コーラ」、それに消化酵素のペプシンを足して、「ペプシコーラ」とネーミングされた。

納豆——なぜ「豆を納める」と書く？

こう書く理由としては、二つの有力な説がある。第一は、桶などに納めて貯蔵する豆であるところから「納豆」と書くようになったという説。第二には、「納所」（寺院の事務所）の僧が作っていた豆だからという説で、「納所大豆」と呼ばれていたものが省略されて「納豆」になったという説だ。

いとこ煮——なぜ〝親戚〟がでてくるのか？

「いとこ煮」は、おもにカボチャと小豆で作る煮物。この煮物が「いとこ煮」と呼ばれるのは、固くて煮えにくい材料から「おいおい」煮て作るからだという。「おいおい」を「甥・甥」にかけて、その関係はいとこであるとシャレているというわけだ。

助六——この名前の由来は？

稲荷寿司と巻き寿司のセットを「助六」と呼ぶ。このネーミングには、「歌舞伎十八番」のひとつ「助六由縁の江戸桜」に登場する「揚巻」という名の遊女が関係している。油揚げで作る稲荷寿司が「揚」を使い、巻き寿司が「巻」であることから、このセット

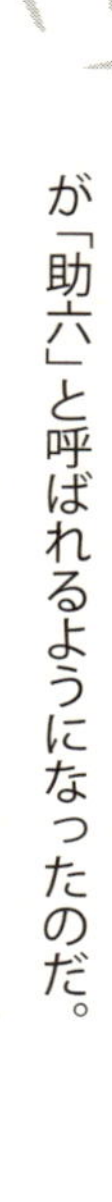

が「助六」と呼ばれるようになったのだ。

風呂吹き大根——お風呂との関係は？

「風呂吹き大根」は、熱々の大根に味噌をかけた料理。「風呂」との関係をめぐっては、次の二つの説がある。第一には、熱い大根に息を吹きかけながら食べる様子が、昔、風呂で垢をかく仕事をしていた「風呂吹」の動作に似ていたことに由来するという説だ。もうひとつの説は、昔、漆職人が、大根のゆで汁を「風呂」とよばれる漆器の乾燥室に吹きかけて、漆をすばやく乾燥させたことに由来するという。そして漆職人が余った大根を近所の人に配ったのが「風呂吹き大根」のはじまりだという。

ジャガイモ——「ジャガ」ってどういう意味？

ジャガイモの「ジャガ」には、その原産地であるインドネシアのジャワ島が関係している。16世紀後半、オランダ船が長崎に運んできた当時、ジャワ島が「ジャガタラ」といわれていたことから、「ジャガタライモ」と呼ばれはじめ、それが縮まってジャガイモとなった。

5
そうだったのか！
飲み物とデザートの裏話

ペットボトル用にお茶を漉した後、大量の茶葉をどうしている？

自動販売機やコンビニで買える飲み物のうち、現在、いちばんの人気を誇るのが茶系飲料である。１９８０年代の発売当初こそ、売上げが伸び悩んだが、１９９０年代に入って急上昇。１９９５年（平成７）には、長く首位の座を守ってきた炭酸飲料を抜いて、首位に立った。

茶系飲料の現在の生産量は年間約６４０万キロリットル（２０１７年）で、２位争いをするコーヒー系や炭酸飲料の２倍近くも売り上げている。

そう聞くと、ペットボトル用のお茶を漉した後、大量の茶葉をどのように処理しているのか、疑問に思う人もいるだろう。じつは、その大半はリサイクルされている。

大手メーカーでは、以前から茶がらを堆肥や飼料として利用してきたが、現在では使用済みの茶葉からさまざまな製品を生みだしている。

たとえば、茶がらを紙パルプと混ぜたお茶入りの紙が開発されている。茶葉を混ぜると、紙原料の使用量を減らせるとともに、茶の成分や香りの働きで、抗菌性や消臭性をもつ紙をつくることができるのだ。現在では、紙ナプキンや弁当箱の他、名刺や封筒、あぶら取り紙、千代紙、ダンボールなどに利用されている。

また、茶がらを配合した「お茶入り石膏ボード」や「デザインボード」などの建材もつくられている。これらの建材は、抗菌性、消臭性に加え、耐火性、遮音性にもすぐれているという。他にも、茶葉は、茶配合樹脂、茶配合ボードなどにリサイクルされ、それらの素材を利用して、公園などに置くベンチ、ボールペン、枕、健康サンダルなどが、すでに製品化されている。

一番茶、二番茶…摘む時期で味が変わる日本茶の謎

「夏も近づく八十八夜」と歌われる文部省唱歌の『茶摘み』は、立春から数えて八十八夜の5月2日頃、茶摘みをする情景が歌われている。いまでも、茶摘みの最盛期は、九州や早生種を除けば、5月上旬である。毎年、3月下旬に新芽が出はじめ、それから30〜40日経った頃、その年の最初の茶摘みが行われる。

その最初の茶摘みで収穫されるのが、いわゆる「一番茶」である。それから50日ほどで新たな新芽が育ち、2回目の茶摘みが行われる。それで収穫されるのが「二番茶」である。さらに40日ほど経つと、また新たな新芽が育つので、三番茶の茶摘みが行われる。

暖かな地方では年4回、寒い地方では年2回の茶摘みが行われているが、品質は一番茶が最高で、しだいに落ちてくる。カテキンやテアニンなどの成分が減っていくのである。

とくに、テニアンはお茶のうまみ成分であり、その含有量がお茶の味を左右する。テニアンが少なくなると、渋みが勝った味になってしまう。

上質の一番茶は高値で取引されるので、「折り摘み」という手作業で収穫されている。芯芽のあるよい芽を選び、芽の上の方についている葉を2枚、株が揺れないように片手で押さえながら、親指と人差し指の間に一芽ずつはさみ、ていねいに折り曲げるようにして摘みとっていく。手摘みで摘める量は、一日に10キロ程度と限られているので、その分、値段が高くなる。

一方、機械摘みなら、一日に1500キロ以上も摘める。新芽を摘んだ後の残葉や、三番茶以降の大きくて硬い葉を機械で摘んだものが「番茶」の素材になる。

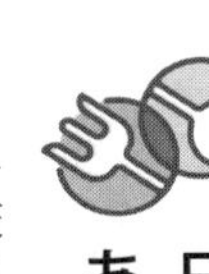

日本産の紅茶をあまり見かけない裏側

紅茶というと、緑茶とはまったく別物と思っている人もいるが、もとは同じ茶葉を使っている。違うのは発酵しているかどうかで、摘んできた茶葉をすぐに加熱して、発酵しないようにしたものが緑茶、完全に発酵したものが紅茶だ。発酵途中で加熱し、半発酵状態にするとウーロン茶になる。

緑茶の茶葉は、静岡県や福岡県をはじめ、国内の茶畑で生産されている。国産が当たり前なのに、同じ茶葉を使っているはずの紅茶の場合、国産はほとんど見かけない。紅茶の茶葉の大半は、インド、スリランカ、ケニアなどから輸入されている。

それが、現在の日本の紅茶事情だが、かつては違った。明治期の日本では、国策として紅茶を生産していた。しかも、当時の紅茶は、生糸と並んで、日本の二大輸出商品だった。

政府は栽培を奨励、東京、四国、九州などに伝習所が設けられ、日本の気候に合う茶の木の品種改良も行われていた。

そんな中、日本の紅茶生産は、１９３０年代に第1次ピークを迎える。１９２９年に起きた世界恐慌の影響で、紅茶の価格が大暴落し、インドをはじめとする茶業者が輸出を抑制する。そのとき、日本の紅茶が脚光を浴び、需要がうなぎのぼりに伸びたのだ。１９３３年には39トンだった輸出量が、１９３７年には６３５０トンにまで激増した。

その後、第2次世界大戦により、輸出量は１３０トンにまで落ちるが、戦後はアジアの産地が荒廃したこともあり、日本産の紅茶が再び脚光を浴びる。１９５５年には５１８１トンと、戦前に近い輸出量にまで回復する。

ところが、日本経済の高度成長に伴う人件費の高騰などから、日本の紅茶は価格競争力を失いはじめる。１９５９年から始まった紅茶の振興計画も、１９６３年にはストップ。１９７１年には、紅茶の輸入が自由化され、日本人が飲む紅茶の大半は外国産となったのだ。

もっとも、近年は、国産回帰の動きも出ている。日本の風土で育つ茶樹からつくられる紅茶は、日本人好みの優しい味わいになるといわれ、国産紅茶の栽培を始める農家が増えはじめ、現在、全国６００カ所以上の茶畑で、紅茶がつくられている。

高級茶「玉露」の生産はなぜ九州産が日本一なのか

茶どころというと、静岡県を浮かべる人が多いだろう。事実、日本茶の収穫量日本一は静岡県だ。ところが、日本茶の中でも高級茶として知られる「玉露」に限ると、話は別。玉露のなかでも、「伝統本玉露」と呼ばれる高品位の玉露は、福岡県が日本一の産地なのだ。

なかでも、八女(やめ)市、筑後市、八女郡広川町のお茶は、「八女茶」というブランド名で知られ、その生産量は伝統本玉露の45パーセントを占めている。全国茶品評会でも農林水産大臣賞をほぼ毎年受賞している。

では、なぜ福岡県の八女市周辺が全国一の玉露の生産地になったかというと、その気候が玉露のうまみを存分に引き出すのに適しているからだ。

もともと、八女市周辺は、昼夜の寒暖差が大きい内陸性気候で、年間降水量が１６００～２４００ミリと、茶の栽培に適している。また、八女市周辺は、九州最大の平野である筑紫平野の南部にある。このあたりの土地は、筑後川と矢部側から運び込まれた土砂が交互に蓄積した沖積平野で、そこで栽培されるお茶は、コクや甘みが増すという特性を持つ。

加えて、このあたりは、朝霧や川霧が発生しやすい。霧が茶畑を覆うと、茶葉は日光に直射されにくくなり、その分、テアニンがカテキンに変わりにくくなるのだ。玉露は、収穫前にワラなどで覆い、茶葉に日光が当たらないようにして育てるが、八女地方の茶葉は、いわば〝天然の覆い〟によって日光から守られているのだ。

八女地方に茶を持ち込んだのは、明に留学した栄林周瑞禅師(えいりんしゅうずいぜんじ)。周瑞禅師は明から帰国後、留学先の蘇州・霊巌寺に風景や気候が似ていた今の八女市黒木町を気に入り、1423年に霊巌寺を建立する。その際、地元の庄屋に茶種を与え、栽培法や喫茶法を伝えたという。周瑞禅師は、この地が茶栽培に適していることに気づいたうえで、この地を選んだとも考えられる。

烏龍茶は「烏(カラス)」とどんな関係がある?

コンビニや自販機で人気の茶系飲料のなかでも、一番人気を誇るのは緑茶である。

そして、2位につづくのが「烏龍茶」である。

烏龍茶が日本で一躍名前を知られるようになったのは、1970年代後半のことだった。当時、超人気アイドルだったピンクレディが、美容と健康のために愛飲しているとマスコミで報道され、人気に火がついたのだ。

その後、粗悪品が出回って、ブームはいったん下火となるが、1981年（昭和56）、世界初の缶入り烏龍茶が発売されて、第2次ブームを呼ぶ。中国では、熱くいれた烏龍茶を飲むが、日本では冷やして飲むというスタイルが生まれ、販売数をどんどん増やしてきた。2001年（平成13）、緑茶に抜かれるまでは、茶系飲料の中で生産量がもっとも多かった。

現在、烏龍茶の茶葉は、おもに中国の福建省や台湾で生産されているが、その名前の由来については諸説ある。よく知られているのは、烏の羽のように黒い茶葉の色と、龍のように曲がりくねった茶葉の形状から名づけられたという説だ。

また、中国では「龍」が高貴な神獣とされることから、「カラスの羽のように黒色で、最高の品質をもつ茶葉」という意味とする説もある。

さらに、最初に茶葉を栽培した農夫に敬意を表し、彼の雅号であった「烏龍」から名づけられたという説も伝えられている。

ちなみに、日本でおなじみの烏龍茶の一種である福建省の「鉄観音」は、芳醇な香りと、飲みすぎ食べすぎをいやすという薬効から、「観音さまのお恵みのようなお茶」という意味で名づけられたといわれる。最初の「鉄」は、黒みがかった茶葉の色を表している。

ビールの原料「ホップ」ってそもそも何？

居酒屋では「とりあえずビール」が決まり文句である。「とりあえず日本酒」という人は、あまりいない。仕事に疲れた体がとりあえずビールを欲するのは、そのさわやかな喉ごし、香り、苦味が疲れを癒すからだろう。

ビールが麦からつくられるのはご承知のとおりだが、麦だけではあの独特の香りと苦味は出ない。ビールに独特の香りと苦味を与えるのは「ホップ」の役割だ。

日本人の場合、ホップという名前は聞いたことがあっても、現物を見たことがある人は少ないだろう。ホップとは、いったいどのようなものなのだろうか？

ホップは、もとはヨーロッパやアジア大陸に自生していたクワ科に属する多年生の蔓性植物。蔓を伸ばしながら成長し、茎と卵形をした葉っぱにトゲがあるのが特徴だ。その昔は、健胃剤としても使われていた。

ホップの花は雄雌に分かれていて、夏になると黄緑色の花を咲かせる。花の季節が終わると、楕円形をした松ぼっくりの形に似た実をつける。

といっても、ビールに使われるのは、実ではなく花のほうである。受精していない雌花を乾燥させたものを、ろ過した麦の汁に加えるのだ。

ビールに香りと苦味をつけるには、さぞかし大量のホップがいるだろうと思われるが、じつはそうでもない。大瓶1本につき、ホップは1グラム程度しか使われない。たったの1グラムで、ホップはビールの味を決定づけるというわけだ。

白ワイン用のワイングラスが赤ワイン用より小さいのは？

今となっては意外だが、1990年代、ワインブームが到来するまで、日本では赤ワインよりも白ワインの方が消費量が多かった。ところが、ワインブームが到来すると、赤ワインの消費量がグングンと上昇。１９９７年（平成９）に逆転し、現在では、白ワインの消費量は、赤ワインの３分の２ほどになっている。つまり、１９９０年代からのワインブームは、じつは赤ワインブームだったのだ。

さて、「飲むのは、いつも赤ワインだよ」という人も、赤用と白用のワイングラスを比べると、白用が赤用よりも小さくつくられていることをご存じだろう。なぜ、白用のグラスは、すこし小さめにつくられているのだろうか？

一般に、ワインを飲むとき、白ワインは冷やして飲み、赤ワインは常温で飲む。ただ、白ワインを冷やしていても、グラスに注ぐと、その瞬間から温度が上がりはじめる。そこで、温度が上がる前に飲み切れるように、小さなグラスを使うのだ。

一方、常温で飲む赤ワインは、何度もつぐ必要がない。そのため、大きめのグラスを使うのである。

ただし、赤ワインは常温で飲むといっても、それはフランスやイタリアの常温のことである。基本的に、欧州は日本よりも涼しいので、その常温は10度から18度を意味する。だから、日本の春から秋にかけては、すこし冷やして飲んだほうがおいしいだろう。

また、同じ赤ワインでも、種類によって適温は違うという人もいるし、赤でも白でも、重たいタイプは常音で、軽いタイプは冷やして飲むのがよいという人もいる。

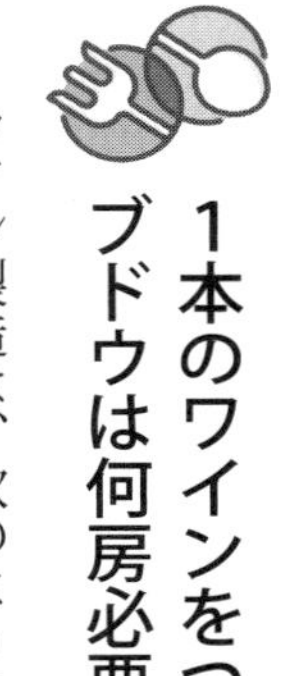

1本のワインをつくるのに、ブドウは何房必要？

ワイン製造は、次のような手順で行われている。まず、しぼったブドウの果汁を樽やビンに入れ、天然酵母によってアルコール発酵させた後、澱（おり）を取り除き、樽に詰めて数年間熟成させる。ビールや日本酒、ウイスキーと違うのは、ブドウ果汁だけでつくり、水を一切加えないことだ。

ということは、ワインボトル1本分のジュースをしぼれるだけのブドウがあれば、ワインが1本できることになる。では、750ミリリットルのワイン1本つくろうと思えば、どれほどのブドウが必要になるのだろうか？

一般に、750ミリリットルのワインをつくるのに、1・2キロから1・5キロのブドウが必要とされる。

といえば、多くの人は、スーパーやデパートの果物売り場に並ぶブドウを思い浮かべるかもしれない。とくに、箱に入ったような高級品は、1粒1粒がはちきれないようにみずみずしく、たわわに実をつけた1房だけで1キロを超えるようなものもある。

ところが、ワイン用のブドウは実の付き方がスカスカで、おまけに一粒一粒が小さい。1房の重さは500グラム前後なので、750ミリリットルのワインをつくるのには2房から3房のブドウが必要になる。

ただし、これは普通のワインやシャンパンのことで、超甘口のデザート・ワインなら、話がちょっと違ってくる。水分を飛ばして糖度を高めたブドウからつくるため、1粒1粒は干しブドウのようになっている。そのため、グラス1杯のデザート・ワインをつくるのに、ブドウの樹1本をまるごと使うこともある。

日本ワインと国産ワインは同じもの？　違うもの？

百貨店やスーパーのワインコーナーには、さまざまな国産ワインが並んでいる。その国産ワインのラベルをよく見ると、おかしなことに気づく。「国産ワイン」と表示されたワインがある一方、「日本ワイン」と表示されたワインもあるのだ。

これが精肉なら、日本産のものは「国産」と表示され、「日本牛」や「日本産」と書かれることはない。なぜワインには、「国産ワイン」と「日本ワイン」と2種類の表記があるのだろうか？

じつは、「国産ワイン」と記されたワインには、完全な国産でないものが含まれている。日本の法律では、海外から輸入したブドウ果汁を使っていても、国内で醸造したものなら、「国産ワイン」と表示することを認められているのだ。「国産ワイン」と書かれたワインの多くは、この輸入ブドウ果汁を使ってつくられたワインなのだ。

日本で消費されるワインのうち、7割は外国産ワインで、「国産ワイン」と呼ばれるものは3割程度だ。このうち、約8割が、輸入ブドウ果汁を使ったワインであり、国産のブドウを使ったワインは2割程度にすぎない。ワイン全体から見れば、わずか6パーセントということになる。

ワインのつくり手とすれば、自社ワイナリーで丹精こめてつくったブドウを使ったワインと、安い輸入ブドウ果汁を使ったワインが、同じ「国産ワイン」でくくられるのは、しのびない。そこで、１９８０年代から、国産ブドウを使ったワインを「日本ワイン」と表示する動きが始まった。この動きはしだいに大きくなり、２０１０年にはサントリーが、２０１１年にはメルシャンも、国産ブドウ１００パーセントのワインを「日本ワイン」と呼ぶようになった。

こうした動きを受けて、国税庁は２０１５年10月、国産ブドウ１００パーセントでつくったワインを「日本ワイン」と定めるという、新たな表示基準を設けた。一方、「国産ワイン」という表示はなくし、日本ワインを含む日本国内で製造されたワインはすべて「国内製造ワイン」と呼ぶことにした。ブドウが国産か外国産かは関係なく、ただ「国内で製造したワイン」というわけだ。「国内製造ワイン」の中で、「日本ワイン」と呼べるものと、そうでないものができることになったのだ。

ミネラルウォーターが腐らないのには理由があった！

大地震に備えて、食糧や飲料水を用意している家庭は少なくないだろう。たとえば、ミネラルウォーターなら、飲料水として長期間保存しておける。

といえば、「ミネラルウォーターは腐らないのだろうか？」と疑問を抱く人もいるだろう。

普通、水を長期間放置しておくと、しだいに腐ってくる。また、ヨーロッパの常識では「ミネラルウォーターは腐る」ことになっている。ま、水であれば当たり前の話である。

ところが、日本で市販されているミネラルウォーターは、非常に腐りにくいのである。容器の種類や保存状態にもよるが、1～3年は腐らずに保存できる。

なぜなら、日本で市販されているミネラルウォーターは、殺菌、除菌処理を義務づけられているからである。

製造基準によると、85度で30分間の加熱殺菌か、それと同等以上の効果のある殺菌、除菌処理をしなければならないことになっている。とくに、病原性のある大腸菌群の殺菌に気がつかわれている。

ただし、ミネラルウォーターの歴史が古いヨーロッパでは、ミネラルウォーターとは、ミネラルを多く含んだ天然の鉱泉を、自然の状態で容器に詰めたもの。殺菌や除菌など、人の手の加わったものは、ミネラルウォーターとは呼ばない。

日本で市販されているミネラルウォーターは、厳密にいえば、ヨーロッパでは認められないわけだが、日本では天然水には雑菌が混じっているため、殺菌せざるをえない状況になっている。

野菜ジュースの原材料の野菜の産地をめぐる裏事情

野菜ジュースは、コンビニでも弁当店でも手軽に買えるが、意外に知られていないのが、その材料に使われている野菜の産地である。とくにミックスジュースの場合は、それぞれの野菜によって、旬の時季が違うはず。それなのに野菜ジュースは一年中売られている。

原材料となる野菜は、いったいどこで栽培され、どのようにジュースに加工されているのだろうか。

当然、国内産と外国産の野菜があるが、国内では各メーカーがそれぞれ産地を確保。地元の農家と契約して、土壌チェックや農薬の使い方などを相談しながら栽培している。多くの場合、産地の近くに加工工場が建てられ、収穫された野菜は、その日のうちに製品化されている。

一方、外国産野菜を使う場合は、アメリカやオーストラリア、中国、チリ、トルコなどで栽培されたものを、現地で濃縮加工して輸入している。

たとえば、トマト汁は中国やチリ、トルコ、ニンジン汁はオーストラリア、リンゴ果汁はアメリカ、レモン果汁はイスラエルなどから、濃縮状態で輸入されている。

アイスクリームに賞味期限が表示されない本当の理由

食べ忘れていたアイスクリームを冷凍庫に発見、ところが、賞味期限の表示を探しても見つからず、困ったことがある、という人はいないだろうか。それもそのはず、アイスクリームには、そもそも賞味期限が記載されていないのだ。

「えっ？　加工食品には、賞味期限を表示しないといけないんじゃないの？」と思う人もいるかもしれないが、アイスクリームの場合、賞味期限の表示は「省略」できるのだ。

アイスクリームの表示に関する『乳及び乳製品の成分規格等に関する省令』などには「アイスクリーム類にあっては期限及びその保存方法を省略することができる」とある。

ではなぜ、アイスクリームでは、賞味期限の省略が許されるのだろうか？　これには、アイスクリームならではの理由がある。

そもそも、食品に賞味期限を表示する必要があるのは、日数が経つと品質が低下し、食品の安全性に問題が生じるからだが、アイスクリームの場合、通常、マイナス20度以下で冷凍保存されるため、細菌類の増殖などの心配がない。これが、賞味期限の省略を認められる第一の理由だ。

また、アイスクリームは、同じく冷凍保存される冷凍食品に比べ、原料が単純で安定性が高い。そのため、長期保存しても、ほとんど品質変化しない。

要するに、冷凍保管されたアイスクリームは、ほぼ〝時間が止まっている〟状態にあり、賞味期限という時間の区切りは必要ないというわけだ。

ただし、アイスクリームといえども、保存法が悪いと、〝時間〟とともに品質が劣化する。冷凍温度が低かったり、溶けたものを再冷凍したりすると、アイスクリームといえども味が落ちるのだ。

また、アイスクリームは、においが移りやすいため、においの強いものと一緒に保存するのは避けたほうがいい。

アイスクリームとコーンの組み合わせが広まったきっかけは？

ソフトクリームに使われる円錐形の受け皿は「アイスクリームコーン」、あるいは単に「コーン」と呼ばれている。

その名の由来は、「トウモロコシ」の「コーン」(corn)ではなく、「円錐形」を表す「コーン」(cone)である。道路工事の現場に置かれている赤いコーン（パイロン）と同じで、あの形に由来する名前だ。

アイスクリームコーンの起源をめぐっては、いくつかの説がある。通説として伝わっているのは、１９０４年（明治37）のアメリカで、足りなくなった紙皿の代わりとして生まれた〝名案〟とされている。

その年、セントルイスで万国博覧会が開催されていた。会場では、あまりの暑さのため、アイスクリームが飛ぶように売れ、ついには盛りつける紙皿がなくなってしまった。だが、売り場には、まだまだ長蛇の列がつづき、紙皿は足りないが、アイスクリームは残っている。

そのとき、「どうしよう」と焦った店員の目に、隣りのショップの売り物が飛び込んできた。隣りはワッフル売り場だったのである。店員は、そのワッフルを調達すると円錐形に巻き、そこにアイスクリームを盛りつけた。すると、ワッフルも食べられることから、お客に大ウケ。このワッフルコーンがすぐに商品化され、全米へ広まっていった。

というわけで、現在も販売されているワッフルコーンが、いまやいろいろな形のあるアイスクリームコーンのルーツとされている。

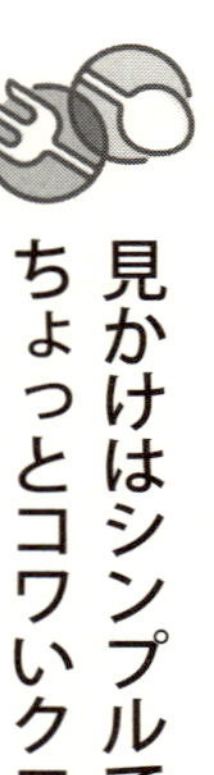

見かけはシンプルでもちょっとコワいクロワッサンの話

キャンパスやオフィスで、昼休みにクロワッサンを食べている姿を見かけることがある。サクッとした食感と、「クロワッサン」というエレガントなネーミングにひかれて、このパンを選ぶということもあるだろう。そして、見た目がシンプルなだけに、「ダイエット中なので昼食はクロワッサン」という女性もいるかもしれない。しかし、これはとんでもない思い違いである。

100グラムあたりのカロリー量を比べてみると、ご飯と食パンが同じで420キロカロリーなのに、クロワッサンは570キロカロリーもある。クロワッサンは、シンプルな見かけとは裏腹に、高カロリーな食べ物なのである。というのも、クロワッサンは多量の油脂を含んでいるからだ。そのことは、クロワッサンに触ると指先がべたつくことからでもわかるだろう。

クロワッサンのパン生地には、カロリーの高いラードやショートニングオイルが含まれている。食パンと同じように考えてクロワッサンを毎日食べると、気がついたときには、体重計の針が大きくプラス方向に振れている、なんてことにもなりかねない。

なお、もっとも警戒すべきは、チーズ・クロワッサン。チーズは高カロリー食品であり、摂取するカロリーはさらに高くなってしまう。

各社から「ポテトチップス」が発売されている裏側

「ポテトチップス」のルーツをめぐっては諸説あるが、最有力とみられるのは、1853年、アメリカのレストランで考案されたという説である。

ニューヨーク州サラトガスプリングのレストランで、シェフのジョージ・クラムがフライドポテトを作ったところ、お客から「分厚すぎる」と苦情が出て、何度も作りなおしをさせられた。

その客は、現在のアムトラック（全米鉄道旅客公社）の基礎を築き、「鉄道王」として知られるコーネリアス・ヴァンダービルトだったといわれる。

お客の度重なる要求にうんざりしたシェフのクラムは、フォークで刺せないほど薄切りにして油で揚げた。

そのわがままな客を困らせてやろうとしたのだが、逆に客は「うまい！」と大喜び。すぐにメニューに追加され、名物料理となったという。

こうして誕生したポテトチップスが、日本に伝えられたのは戦後のことである。日系2世の浜田音四郎は、戦前、ハワイでポテトチップスの製造をしていた。戦後、来日すると、日本の食糧事情の悪さに驚き、1947年（昭和22）、市ケ谷に工場を設立。そこで誕生したのが、「フラ印」のポテトチップスだった。

まずは米軍キャンプ内で売り出し、その後、ビアホールを一軒一軒回って宣伝するといった営業努力を重ねるうち、高級ホテルのメニューに採用されたり、スーパーマーケットとの取引もできるようになった。

発売から5年も経つと、日本人の間でも人気のお菓子になったが、浜田は、その特許を申請しなかった。ポテトチップスの普及を望み、その妨げになることをあえてしなかったのである。

そのおかげで、１９７０年代に、複数の企業がポテトチップスの製造販売に参入、人気を拡大していった。今では、浜田のことを「日本のポテチの父」と呼ぶ人もいる。「フラ印」のポテトチップスは、今も高級スーパーやデパートなどで発売されていて、知る人ぞ知る存在である。

チューインガムの原料「チクル」ってどんなもの？

チューインガムが日本へ伝わったのは、１９１６年（大正５）のこと。しかし、当時は日本人の食習慣や味覚とマッチせず、１９２８年（昭和３）には国産商品も発売されたのだが、ほとんど見向きもされなかった。

日本でガムを噛む習慣が広まったのは、戦後のことである。終戦後、進駐軍の兵士がガムを噛む姿を目のあたりにして、チョコレートとともにチューインガムは憧れの食べ物となったのだ。

そんなチューインガムが、世界で初めてアメリカで商品化されたのは１８００年代のことだった。

トーマス・アダムスが、「チクル」と呼ばれる原料に甘味料を加え、「アダムス・ニューヨーク」として発売。それがヒット商品となって、チューインガムはアメリカ社会に定着したのである。

原料の「チクル」は、中南米産のサポジラという木の樹液を煮て作る天然樹脂。メキシコ南部から中央アメリカに住んでいたマヤ族は、西暦３００年頃から、この樹脂を噛む習慣をもっていたとみられ、噛むと唾液が出てくるので、それでのどの渇きをいやしていたと考えられている。

その後、マヤ文明は姿を消すが、チクルを噛む習慣は北米先住民に受け継がれた。そして、アメリカで、チクルを原料としてチューインガムが開発されたのだ。

天然樹脂の中でも、チクルがピッタリなのは、樹脂分とゴム分の割合がちょうどいいからである。樹脂分が多いとベタベタとして噛みごたえがないが、ゴム分が多すぎても硬くて噛むことができない。チクルは、そのバランスがひじょうによいのだ。

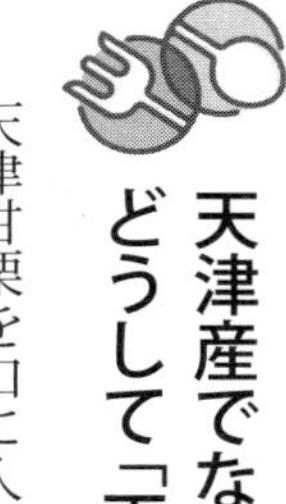

天津産でなくても、どうして「天津甘栗」？

天津甘栗を口に入れると、甘さがいっぱいに広がるもの。「この天津甘栗の甘さは、何でつけているの？」と思う人がいるかもしれないが、あの味は栗本来がもつ甘さである。

「天津甘栗」と呼ばれる小粒の栗は、中国で収穫されたもので、日本の栗とは種類が違う。ほんのりとした甘さが持ち味なのである。

ただし、その名前から、北京近くの港湾都市・天津で収穫されたものと思うだろうが、本当は天津産ではない。

天津甘栗に使われているのは、中国の河北省で収穫された栗。同省は北京の北方、万里の長城に近い地域だ。

河北省で収穫した栗を、なぜ「天津栗」と呼ぶかというと、その昔、中国の栗は天津港から日本へ出荷されていたから。そのため、中国で収穫された小粒の栗は、すべて「天津栗」と呼ばれるようになったのだ。

日本の栗は、それほど甘くないし、渋皮が取れにくいという面倒くささがある。それに比べて、中国の栗は小粒だが、甘いうえ、渋皮を取り除きやすい。だから、釜の中で砂利と一緒に炒るだけで、渋皮がパキッと取れる「天津甘栗」ができあがるというわけである。

ナッツのなかで、ピスタチオだけが殻付きで売られるワケ

ピスタチオの原産地は、地中海地方。十分な日照があれば、乾燥した土地でも育つというたくましさがある。

現在では、アメリカのほかには、イラン、トルコ、中国の新疆(しんきょう)ウイグル自治区など、乾燥した大地が主要生産地となっている。

ピスタチオの木は、ウルシ科に属する常緑樹で、長径3センチほどの楕円形の実がつく。じつはブドウの房のようにつき、若いうちはオレンジ色の薄い皮に包まれている。熟すとその皮がはずれ、外殻の一辺が裂けたような独特の形になる。

中国では「開心果」と表すが、ピスタチオは一辺が自然に裂けているため、剥きやすいので、アーモンドやカシューナッツとは違って、殻付きのまま売られている。また、殻付きのままローストした方が食感も風味もよくなるうえ、殻をとると、色ムラが大きいため、やや貧相な印象になってしまう。それが食欲を削ぎかねないことも、殻付きのまま売られている理由だという。

柏餅の柏の葉は、どんな意味を持っているのか

4月も半ばになると、和菓子屋やスーパーの店頭に柏餅が並びはじめ、5月5日の子供の日が近づいていることを知ることになる。

柏餅は、いつ頃から誕生したのかはっきりしないが、室町時代にはすでにあったとみられている。

柏の葉は、古代から食器代わりや包んだりするのに使われてきたが、餅を包むようになったのは、香りを楽しむためだったのではないかという。たしかに、柏餅に鼻を近づけると、柏の葉のみずみずしい香りを楽しめる。

その後、端午の節句の日に供えられるようになったのは、江戸時代の寛文年間（1662～72年）のことで、参勤交代によって、その風習が江戸から全国に広まっていった。

端午の節句そのものは、奈良時代、中国から伝わった風習である。季節の変わり目に、病気や災いから避けるため、魔よけ、厄除けとして菖蒲やヨモギを軒下に挿したり、風呂に入れる行事が行われてきた。その後、いったん端午の節句の行事はすたれるが、江戸時代になって、「菖蒲」が「尚武」や「勝負」につながることから、武士の間で盛んな行事として復活した。

そして、柏の木が葉をつけたまま越冬し、新芽が出るまで葉を落とさないことから、子（新芽）が生まれるまで親（古い葉）が死なない、家系が絶えないことにつながる縁起物とされ、端午の節句に柏餅を供えるようになった。

もっとも、近畿地方以西には、柏が自生していなかったので、柏餅を供えるという風習は、なかなか広まらず、一部の地域では、サルトリイバラの葉などを代用していた。とくに、中国、四国地方では、1970年代頃まで、サルトリイバラの葉で代用する地域が多かった。

なぜ菱餅は、上からピンク、白、緑の順に重ねるの？

菱餅は、3月3日の桃の節句に、雛人形とともに飾られる和菓子として知られている。地方によって、5色、7色の菱餅もあるが、一般的にはピンク、白、緑の3色が定番である。

まず、餅を菱形にした由来については、いくつかの説がある。たとえば、室町時代の足利将軍家で、正月に紅白の菱餅を食べる習慣があって、それが宮中に採り入れられたという。現在でも、天皇家には、正月に菱餅を食べる習慣がある。この宮中の習慣をルーツとする説もあれば、もともとは三角形だったのだが、水草である「菱」の繁殖力の高さにちなんで、子孫繁栄と家系の安泰を願って菱形にしたという説もある。

また、菱形は、子宝に恵まれるようにと、女性の性器の形を模しているという説もある。あるいは、その白、ピンク（桃色）、緑は、それぞれ残雪、桃の花、若草を表しているという説もある。

京都の雛祭りでは、白餅を丸く伸ばし、一方の端に引きちぎったような形をつける

「あこや餅」で代用されることもある。宮中で人手が足りないとき、餅を丸める手間を惜しんでひきちぎったのが始まりとされ、京都の桃の節句には、あこや餅が欠かせない。

6

知るほどに深い
日本各地の"食"の裏話

イチゴを使わないのに、どうして「いちご煮」なのか

「いちご煮」といっても、イチゴをつかったデザートやジャムのことではない。青森県の三陸海岸周辺の伝統的な料理で、ウニとアワビの吸い物をこの名で呼ぶ。

ウニとアワビとは、ぜいたくなコンビだが、そのルーツは漁師たちの浜料理。素潜りで漁をする「かづき」と呼ばれる男たちは、夏になると、ウニやアワビを大量に獲り、海水で煮込んで食べた。

それが、大正時代、お椀に美しく盛り付けられた吸い物として、料亭料理に採用された。味付けは昆布だし、塩、わずかな醤油だけで、いまも青森では、正月やおめでたい席に欠かせない郷土料理として親しまれている。

では、フルーツのイチゴは使わないのに、なぜ「いちご煮」と呼ばれるかというと、お椀に盛られた赤みの強いウニが、淡い潮仕立てに映えて、まるで野イチゴのようだと、そうネーミングされたのである。命名者は八戸市の旅館「石田家」の主人だったという。

作り方はいたってシンプルなので、良質のウニとアワビが手に入れば、家庭でも作ることができる。ただし、食材を用意するだけで懐がかなり痛みそうだが、現在では缶詰も売られていて、温めれば、すぐに本場の味を堪能することができる。

また、缶詰をスープと具材がわりに使って、炊きこみご飯や茶碗蒸しなどを作ってもおいしくいただける。

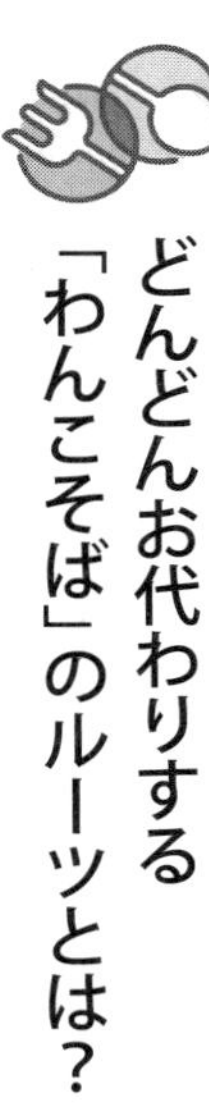

どんどんお代わりする「わんこそば」のルーツとは？

「じゃんじゃん」の掛け声とともに、給仕が手元のお椀にひと口量のそばを放り込む。それを食べると、また放り込まれるので、急いで食べる。それを繰り返すのが、岩手名物の「わんこそば」だ。

「もう食べられない」と思えば、椀の中のそばを食べきった状態で、すばやくフタをすればいい。

「わんこそば選手権」では、食べたお椀の数が記録となり、その多さを競うが、このような一風変わった食べ方が生まれた理由をめぐっては、いくつかの説がある。現在、よく知られているのは、以下の2説である。

一つは、祭事の際、集まった大勢の客にそばを振る舞った「そば振る舞い」という風習が起源というものである。１００人以上の客にそばを提供しなければならなかったが、当時は大きな鍋がなかったので、全員に行き渡るにはかなりの時間がかかった。そこで、一人前をひと口量に小分けして振る舞ったのが、最初とする説である。

もう一つは、南部家27代当主の利直が江戸へ向かう途中、花巻市鍛冶町の宿に立ち寄って食事をしたときのエピソードに由来するという説。

その時、宿の主人は、殿さまに粗末なものは出していけないと思い、ほんの少しのそばを上品に見えるように盛りつけた。すると、利直がそばの味を絶賛。何度もおかわりしたことから、この食べ方が広まったという説である。

どちらが正しいかは、いまとなってはわからず、前者の盛岡説と後者の花巻説の2つがあって、論争が続いている。

ちなみに、わんこそばの「わんこ」とは、お椀のこと。言葉の末尾に「こ」をつける方言から、こう呼ばれるようになった。店によって、ひと口分の量はまちまちだが、大会ではひと口10グラム、10杯でかけそば1杯分と決められている。

大人気イベント「芋煮会」のルーツをめぐる伝説

山形県では、秋になると、コンビニやスーパーの店頭に、販売用の薪がうず高く積まれる。また、スーパーの店頭には、サトイモのほか、白菜やゴボウ、大根、油揚げ、ニンジン、キノコ、豆腐などの具材が大量に並ぶことになる。

山形の人たちは、そうした光景を目にして、「今年も芋煮会の季節がやってきた」と感じるのである。

いまも、山形県では、学校や職場、地域、友人同士、親戚同士で、親睦を深めるために芋煮会が行われている。近年では、町おこしやイベントとしても「芋煮会」が開かれるようになっている。

なかでも有名なのは、9月の日曜、山形市内の馬見ヶ崎川河川敷で行われてきた「日本一の芋煮会フェスティバル」である。例年、直径6・5メートルの超大鍋が用意され、3万食の芋煮が作られる。ショベルカーで食材をすくい上げる様子をニュースなどで見たことのある人も多いだろう。

芋煮会の起源についてはさまざまな説があるが、山形県東部の中山町（なかやままち）では、江戸時代、最上川を使って物資を運ぶ船頭たちの退屈しのぎとして始まったとしている。

当時、最上川の水運を利用して、酒田と米沢の間で物資を運んでいたのだが、江戸中期までは、酒田からの船運は現在の中山町が終点だった。

その後は人足が背負い、狐越街道を越えて運んでいった。

そのさい、通信手段が乏しい時代だったので、船頭たちは船に寝泊まりしながら、人足が到着するのを待たなければならなかった。

その船着き場の近くにサトイモの名産地があったので、船頭たちは棒鱈（ぼうだら）などの干魚と一緒に煮て飲み食いしながら待っていた。近くにあった松の枝に、鍋を縄で吊るして料理していたようで、その松が「鍋掛松」と呼ばれるようになり、大正の終わり頃までは、その松が残っていたと伝えられている。

なぜ、長野にハチノコ、イナゴを食べる風習が生まれたか

長野県には、ハチノコやイナゴといった虫を食べる風習がある。ハチノコは、ハチ

の幼虫やサナギのことで、甘露煮にしたり、油で炒めたりして食べる。また、長野では、炊きたてのご飯にハチノコを混ぜて食べるという習慣もある。

一方、大量発生して稲を荒らすイナゴは、駆除をかねて捕獲する。数日間エサを与えずに糞を出させ、脚や羽などの硬い部分を取り除いた後、甘辛く佃煮に仕上げる。

長野には「ザザムシ」と呼ばれる川辺の幼虫を食べる習慣もある。ザザムシは、トビケラ、カワラゲ、ヘビトンボといった水中昆虫の幼虫の総称で、佃煮や揚げものにして食べられてきた。

長野といえば、リンゴやそば、野沢菜、おやき、味噌、栗、寒天など、特産品がたくさんあるのに、なぜ虫を食べる習慣ができたかといえば、周囲に海がなかったことが原因と考えられている。

海が近くにあると、魚を捕らえて食べれば、良質な動物性タンパク質を摂取できるが、山の中では、シカやイノシシといった動物を捕まえるしかない。

しかし、そうした動物を捕まえるのは難しいし、牛や馬は貴重な労働力として食べることができなかった。そこで簡単に捕まえられる虫を食べることで、動物性タンパク質を摂取したのである。

また、イナゴを秋に捕まえ、佃煮にしておけば、山野が雪におおわれる冬の間も動物性タンパク質に困らない。さらに、そうした虫には、セレンや亜鉛といったミネラルが含まれ、貧血改善、精力増強、細胞の老化防止、ガン抑制などの効果もあるといわれている。

山梨県がブドウの大産地になった経緯とは？

「巨峰」「デラウェア」「ピオーネ」といえば、山梨県で栽培されるブドウの代表種である。それらの名前が全国で知られるほど、山梨のブドウは有名だ。

一説によると、甲州には１２００年も前からブドウが自生していたという。奈良時代の高僧、行基が、大善寺を建立した際、ブドウの木を発見したと伝えられているのだ。

もっとも、ヨーロッパ原産のブドウが、なぜ奈良時代の甲州にあったのか、この説には疑問符がつくところが少なくない。

ただ、江戸時代初期には、すでにブドウ棚が考案されるなど、ブドウの本格的な栽培がはじまっていたことはたしかである。江戸中期には、甲州はブドウ栽培で全国的に知られる土地になっていた。

甲府盆地がブドウ栽培に適していたのは、内陸性気候で日差しが強く、ブドウの大敵である雨が少ないこと。また、笛吹川や釜無川の扇状地は水はけがよい一方、地下に伏流水が豊富に流れていることも、果物の栽培に適していた。

都道府県ランキングを見ると、山梨の日照時間は、全国でもトップクラス。それほど太陽の光が降り注ぐうえ、地下にはたっぷりの水分があるため、果樹がよく育つのである。

じっさい、江戸時代から、山梨では、ブドウ以外にも、梨、桃、柿、栗、リンゴ、ザクロ、ギンナン（またはクルミ）が育てられ、「甲州八珍果」として有名だった。

深谷市がねぎの大産地になった経緯とは？

埼玉県深谷市のホームページを見ると、特産の「深谷ねぎ」が紹介され、「ねぎのグラタン」「ねぎのベーコン巻き」「ねぎと手羽先の煮もの」「ねぎチジミ」「ねぎの姿焼き」などのレシピが合わせて掲載されている。

その画面からは、深谷市が名産のねぎに寄せる思いがビンビン伝わってくる。

東日本の人にとって、「深谷ねぎ」はすでにお馴染のブランドだろう。深谷市では、利根川流域を中心にねぎ畑が広がり、ねぎ生産量は市町村としては全国1位。全生産の約5%を占めている。

この地域で、ねぎ生産が盛んになったのは、明治から大正時代にかけてのことだった。

幕末まで、この地域は藍や輸出用蚕種(さんしゅ)の生産で栄えていたが、明治時代になると、どちらも衰え、養蚕が中心となった。その養蚕も衰えてくると、今度はねぎの生産が増えはじめるが、その背景には、1891年（明治24）に東北本線が開通したことがあった。

当時、総理大臣を務めていた松方正義は、「これで、東北地方が凶作になっても、餓死者は出ない」と胸をなでおろしたといわれるが、東北本線の鉄道を通じて、関東地方から東北地方へ食糧がどんどん送られるようになったのだ。その中に、深谷ねぎもあった。

深谷ねぎは1年を通して収穫できるが、とくに冬物が甘みを増して最上とされる。そのベストの状態のねぎが、冬場、雪に閉ざされている東北地方へ、汁物や鍋物の具材、薬味としてどんどん出荷された。

首都圏はもちろんのこと、東北圏も市場とする深谷ねぎは、戦後も発展を続け、とりわけ高度経済成長期に大発展を遂げて、東日本を代表する大産地に成長したのである。

「草加せんべい」を名乗るための厳しい条件とは？

「深谷ねぎ」は知らなくても、「草加せんべい」は、西日本の人でもご存じではなかろうか。東京駅では関東の名産として売られているし、全国のデパ地下にも並んでいる。

一時期は、有名になりすぎて、不特定多数のメーカーが「草加せんべい」を名乗って、スーパーや量販店で安売りしたこともある。

そのため、草加のメーカーは危機感をいだき、２００６年（平成18）、「草加せんべい振興協議会」を設立、商標を登録した。

また、地域食品ブランドを認定する「食品産業センター」によって、「草加せんべい」を名乗るための厳しいルールも定められた。

それによると、草加せんべいは、「伝統産業技士」として認定された職人が作ったせんべいだけが名乗ることができる。この「伝統産業技士」になるには、組合の審査に受かり、会議で認められた後、草加せんべいや草加市の歴史を学ぶ必要がある。認定の条件は、草加せんべいの製造に10年以上従事し、かつ組合から推薦された職人であることが必要だ。

また、素材には、指定のうるち米を使用し、草加せんべい独特の押し瓦を使用した手焼きか、それに準ずる押し焼き製法を用いていることも条件となる。

草加せんべいのルーツをたどると、草加では古くから塩せんべいが作られ、江戸時代、日光東照宮へお参りする人たちの人気を集めていた。

やがて、近隣で醤油が生産されるようになると、ただの塩せんべいに醤油が塗られるようになった。それが日光街道の名物となって、草加せんべいは関東を代表する特産品となったのだ。

どうして南禅寺と嵐山には湯豆腐の名店が多い？

湯豆腐は、豆腐と水、昆布だけが材料の料理。昆布を敷いた土鍋に豆腐を入れ、ぐらりと動いたところを引き上げ、つけダレで食べる。シンプルなだけに、それぞれの食材には高品質なものが求められる。

とくに良質の水は、豆腐作り自体に欠かせない。湯豆腐が京都名物になったのも、京都が水に恵まれた土地だったからである。また、昆布は、北前船で松前（北海道）から最良のものが届けられた。

また、湯豆腐はもともと精進料理として発達してきたため、京都の寺院の門前には、必ずといっていいほど「湯豆腐」の店が並ぶことになった。なかでも、南禅寺と嵐山周辺に名店が多い。

南禅寺は、鎌倉時代に建立されたが、室町時代になってから、広大な境内を管理する番屋が３ヵ所設けられた。しかし、当時の南禅寺は財政面で苦労しており、少しでも財政の足しになればということから、番屋のアルバイトとして、豆腐作りがはじまった。

やがて、その豆腐が精進料理に用いられるようになり、参拝客をもてなす湯豆腐店が参道に現れるようになった。

たとえば、南禅寺近くの老舗「奥丹（おくたん）」は、江戸時代初期の１６３５年（寛永12）創業。最初は茶店のような小さな店から出発して発展、いまは平日でも多くの観光客を集めている。

一方、嵐山に湯豆腐の店が増えたのは、１９５０年代半ば以降のこと。新婚旅行の若夫婦も含めて、嵐山や嵯峨野に観光客が多く訪れるようになると、地元で「何かおいしいものを名物にしよう」という声が上がり、白羽の矢が立ったのが湯豆腐だったのだ。

もともと、清涼寺門前には、江戸後期の安政年間に創業した嵯峨豆腐店「森嘉（もりか）」があり、この店が天龍寺に豆腐を納めていたこともあって、湯豆腐が名物料理とされた。

以来、嵐山界隈にも湯豆腐の店が増え、冬はもちろん、夏場も汗をかきながら食するお客を集めてきた。

海のない会津でニシンが名物料理になったのは？

「こづゆ」は、福島県・会津地方に伝わる郷土料理。薄味仕立ての汁物で、山海の食材を使うことから、会津地方のごちそうとして、祝い料理としても食べられきた。

その「こづゆ」とともに、会津の人々に今も親しまれているのが、魚を干物にした棒ダラと身欠きニシンを使った家庭料理である。

まずは、棒ダラの調理法から。干物のままでは固くて食べられないので、食べやすい大きさに切ってから、米のとぎ汁に浸したのち、弱火でゆっくりと煮る。

身がやわらかくなったところで、しょうゆ、砂糖を入れ、弱火でコトコト煮る。いったん火を止め、冷ましてから再び火にかけ、酒を加えて煮る。こうして、味がしみ込んだ棒ダラは、正月料理や祝い事、祭りなど祝い膳のメニューに欠かせない一品だ。

もう一つ、身欠きニシンの山椒漬けも、会津の多くの家庭で作られてきた郷土料理。作り方は、まず身欠きニシンと山椒を漬け鉢に入れ、しょうゆ、酢、砂糖をあわせた調味液をかけて蓋をし、さらにその上から重石をのせる。こうして、二日ほど漬け込めば、酒の肴にも、ごはんのお供にもあう一品ができあがる。

ところで、福島県内でも、会津地方は太平洋からも日本海からも、遠い場所。四方を山に囲まれ、海産物は手に入りにくかったはずだ。それなのに、なぜ棒ダラや身欠きニシンを使った料理が発達したのだろうか？

その理由は、江戸時代後期、会津藩が幕府の命によって北海道・オホーツク海岸の警備にあたっていたことに起因する。

オホーツクの海岸には、春になるとニシンの大群が押し寄せる。そこで、藩士たちは会津に残した妻や子どもたちにも食べさせたいと考え、日持ちがするように塩をまぶし、干物にして会津へ運んだ。こうして、届けられた干物を調理し、棒ダラや身欠きニシンなどの郷土料理が生まれることになったというわけだ。

「辛子明太子」といえばなぜ福岡なのか

辛子明太子といえば、福岡の名物。とりわけ、「ふくや」の辛子明太子は人気が高い。ところが、辛子明太子は、初めから福岡の名物だったわけではない。辛子明太子を最初に名物としたのは、福岡に近い山口県下関市だった。辛子明太子は下関で生まれて、福岡でメジャーになったという歴史を持つのだ。

辛子明太子のルーツをたどると、朝鮮半島に行きあたる。辛子明太子は、スケトウダラの卵巣を唐辛子をはじめとする調味料に漬け込んだ加工品。朝鮮半島では昔からスケトウダラがよく食べられ、その卵を調味液に漬けた「明卵漬」も口にされていた。それが日本統治時代に、日本に持ち込まれたという。

ただし、異説もある。朝鮮半島では、スケトウダラの卵を食べるのは漁師くらいだったのだが、朝鮮半島に渡った日本人がその卵に目をつけ、卵を唐辛子や塩などの調味液に漬け、売り出すことを考え出したともいわれる。

いずれにせよ、日本が朝鮮半島を統治していた時代、朝鮮半島に渡った多くの日本人が辛子明太子のおいしさを知る。そのニーズにこたえるべく、朝鮮半島では、辛子明太子の製造・輸出が盛んになった。

当時、朝鮮半島と日本を結ぶ最大の窓口は下関だった。下関には関釜連絡船によって辛子明太子がもたらされ、やがて辛子明太子は下関でも盛んに作られるようになる。

ところが、第2次世界大戦がはじまると、下関での辛子明太子生産はストップする。

戦後、新たに浮上したのが、福岡市である。「ふくや」の創業者夫婦は、かつて朝鮮半島で暮らし、明太子の味をよく知っていた。戦後、夫婦は福岡に移り、日本人の口に合った辛子明太子の開発をはじめる。

それが「漬け込み製法」によってつくられる現在の辛子明太子である。漬け込み製法では、醤油や昆布といった日本人好みの素材を調味液に入れ、漬け込む。ふくやの辛子明太子は、まずは福岡市で大当たりし、日本における辛子明太子の新たなスタンダードとなった。

以後、福岡の辛子明太子は、福岡の味として全国に知られるようになり、下関の戦前の辛子明太子の歴史を風化させるほどに成長したのだ。

「茶がゆ」といえばどうして奈良なのか

昔から「大和の茶がゆ、京の白かゆ、河内のどろ食い」と言われてきた。京都のおかゆは白くて、河内のおかゆは泥のように硬めで、奈良のおかゆはお茶で炊いてあるという意味のフレーズだ。

奈良の茶がゆは、その昔、東大寺の僧侶によって考案されたといわれる。いまも、薬師寺などで修行僧が朝食として食べているし、奈良市には「塔の茶屋」という茶がゆ屋があって、季節の料理やゴマ豆腐、お吸い物もついた「茶がゆ弁当」が観光客の人気を集めている。

そもそもお茶は9世紀、弘法大師が唐から茶種を持ちかえり、大和地方に植えたと伝えられ、それが「大和茶」のルーツとされる。

江戸初期には、奈良はすでに茶の名産地となっていて、お茶で米を炊く食習慣も生まれていた。

奈良の茶がゆは、さらっとしていて粘りがないのが特徴だが、これは奈良一帯が丘陵の多い地域であり、米の収穫量が少なかったことと関係している。

倹約のため、お茶の方を多くしたので、さらさらの茶がゆになったのだ。

お腹が空けば、米ではなく、湯を足して〝増量〟したというわけだ。

ちなみに、茶がゆの水分を減らしたのが、茶飯である。奈良では、栗か大豆を炊きこんだ茶飯に、田楽、卵豆腐、焼き魚、酢の物、野菜の炊き合わせなどがついて、こちらも名物料理となっている。

郡上市が食品サンプルシェアで全国50%を占めるワケ

岐阜県の中部に郡上市という小さな市がある。「ぐじょうし」と呼び、人口は約4万1100人ほど（2019年9月）。観光では白山信仰の地として知られるが、「食品サンプル」の生産地としても知る人ぞ知る街である。そのシェアは、じつに全国の60%を占めている。そもそも、食品サンプルの発祥地ともいわれている。

もっとも、食品サンプルの起源については、京都の模型店がはじめたという説や、白木屋（現東急デパート）がはじめたという説もあるが、初めて事業化に成功したのが、郡上市出身の岩崎瀧三（たきぞう）だったことはまちがいない。

岩崎は、大阪で弁当店を営んでいた1932年（昭和7）、学校教材用の食品模型を見て感動するとともに、その将来性を見抜き、「食品模型岩崎製作所」を設立した。

そして、より精巧な食品サンプルを作りだすと、「貸付」という手法で顧客を増やしていった。

これは、そのメニューの10倍の価格、たとえばラーメンが500円なら5000円で一定期間貸し付けるという方法で、店側としては手軽に利用できたため、顧客が増えていった。

また、デパート間の競争が激しくなると、競って導入したので、岩崎製作所には大量の注文がつぎつぎと舞い込んだ。優秀な経営者でもあった岩崎は、東海地方や中国地方へ販路を広げ、食品サンプルを全国に広めて行った。

太平洋戦争が近づくと、原料だったパラフィン（石蝋）の入手が困難になる。岩崎は、自分の出身地である郡上八幡へ戻り、今度はパラフィンを節約した模型の開発に没頭し、ついに完成させる。

戦後、岩崎は再び大阪へ出て事業を拡大するが、1955年（昭和30）には故郷に工場を設立、生産拠点とした。こうして、岩崎の経営手腕によって、郡上市は食品サンプルの街へと発展したのである。

深大寺そばにそば畑がないのに、なぜ「深大寺そば」？

深大寺は、東京都内では、台東区・浅草寺に次ぐ歴史を誇る寺である。733年、満功上人が開山したと伝わる。京王線の調布駅からバスで10分ほどの場所にある古刹だ。

1年を通して多くの観光客を集めるお寺だが、もっともにぎわうのは、1年の終わりを迎えるころ。名物「深大寺そば」を目当てに、年越しそばを食べるために訪れる人が多いのである。

現在、深代寺の周辺には住宅地が広がり、そばを作っている様子はないが、江戸時代まで、深大寺周辺は、そばの産地だった。

そもそも、深大寺周辺には、「黒ボク土」という土壌が広がり、野菜などの栽培には適さない土地柄だった。黒ボク土に含まれるアルミニウムと粘土のアロフェンという鉱物が、植物の生育に必要な養分であるリン酸と結びつき、栽培に必要な成分が奪われてしまうためだった。なお、「黒ボク土」という奇妙な名は、黒い土の色とボクボクした感触に由来する名だ。

その黒ボク土でも、そばなら、栽培できる。そこで、深大寺近くの農家では、そばの実を栽培し、深大寺に奉納していた。

そこで、寺の和尚は、農家から奉納された粉を使って、そばを打ち、参拝客にふるまったのである。それが美味だったことから口コミで広がり、「深大寺そば」という名前とともに、名物として定着したというわけだ。

「もみじ饅頭」が紅葉の形をしているのはどうして？

日本三景の一つ、宮島（広島県）のお土産は、紅葉の形をした「もみじ饅頭」。いまや「日本一のおまんじゅうは？」というアンケート調査で、堂々の1位になることもあるほど、全国的な知名度を誇っている。

それほど有名になったのは、1980年代の漫才ブームで、お笑いコンビ「B&B」の島田洋七が、両手で紅葉の形を描きながら、「広島名物、もみじまんじゅう！」と叫ぶギャグが流行してからのことである。

もみじ饅頭は1世紀以上の歴史を誇る銘菓であり、発売されたのは1906年（明治39）のこと。宮島の和菓子職人・高津常助が考案し、島内の名所である紅葉谷の旅館「岩惣」に納めた。

紅葉の形にしたきっかけは、宿から「紅葉谷の名にふさわしい菓子が作れないか」

と依頼されたことといわれるが、一説には初代総理大臣を務めた伊藤博文のお色気ジョークがきっかけという話が伝わっている。

それによると、伊藤は宮島を好み、定宿の「岩惣」に宿泊しているさい、給仕の娘の手を見て「なんとかわいらしい、紅葉のような手だろう。焼いて食うたら、さぞうまいだろう」と冗談を飛ばした。

それを宿の女将が聞いていて、菓子職人の高津がヒントにしたという説である。高津の和菓子店が、伊藤の宿泊していた「岩惣」の門前にあったこともあって、現在、ひろく知られるエピソードだ。

その頃、伊藤はすでに大勲位の地位にある一方、世間には「スケベな爺さん」というイメージが定着していた。

それくらいの冗談はおそらく言うだろうという印象から、このエピソードが定着したとみられているが、高津自身は生前、このエピソードを肯定も否定もしなかったそうである。

熊本名物カラシレンコンは、誰がいつ〝発明〟したのか

熊本県の郷土名物として知られるカラシレンコン。その作り方は、レンコンを15分ほど茹で、陰干しするところからはじまる。

次に味噌、粉カラシ、蜂蜜を混ぜ合わせて辛子味噌を作り、レンコンの穴に詰め込んでいく。それを5時間以上寝かせてから、小麦粉、ターメリック、水を粘りが出るまで混ぜ合わせて、揚げ衣を作る。それをレンコンにまんべんなく塗って、中温の油で揚げ、薄く切って食べる。

そもそも、カラシレンコンが熊本の名物になったきっかけは、江戸時代の藩主が病弱だったことと伝えられている。

肥後細川家の初代藩主だった細川忠利は、生まれつき病弱だった。そこで、豊前国羅漢寺の禅僧・玄宅が忠利を見舞ったとき、レンコンを食べるように勧めた。加藤清正の築いた熊本城の外堀では、たくさんのレンコンが生育していたのだ。

ところが、取り巻きの者たちは「そんな泥の中で育った汚いものを、殿様に食べろというのか」と激怒。聞き入れないでいると、藩の賄い方であった平五郎が、レンコンに和辛子粉を混ぜた麦味噌を詰め、麦粉、空豆粉、卵の黄身の衣をつけて揚げたところ、藩主はたいそう喜んで食べたという。

また、レンコンを輪切りにした断面が、細川家の家紋（九曜紋）と似ていたこともあって、門外不出の城内料理とされた。それが、明治維新後、一般にも伝わり、熊本の名物となった。

「ほうとう」の語源は「信玄の宝刀」説は本当?

山梨県の郷土料理といえば、ほうとうが名高い。長い麺とカボチャや野菜を味噌仕立てで煮込んだ鍋料理だ。

それなら煮込みうどんじゃないかと思う人もいそうだが、煮込みうどんとは麺が違う。煮込みうどんの麺は、寝かせて熟成させたものだが、ほうとうの場合は、打ち立ての麺を使う。さらに、ほうとうの場合、麺をゆでることなく、そのまま鍋に入れる。煮込んでいるうちに、麺は煮崩れして、汁に溶けだす。それが、汁のとろみとなって、味わい深くなる。

ほうとうの歴史は古く、すでに戦国時代には、ほうとうに近い粉物料理が食べられていたとみられる。南アルプス市の中世の遺跡からは、石臼が出土していて、石臼で小麦を粉にして、麺をつくっていたと推定できるのだ。

戦国時代の山梨県といえば、武田家が統治し、武田信玄の存在によって最強の国となった。じつは、ほうとうの名は、信玄に由来するともいわれる。信玄は陣中食にほうとうを採り入れ、自らの刀で麺を切って調理した。「信玄の宝刀」で調理したから、「ほうとう」の名がついたというのだ。

ただ、これは後世の創作のようで、「餺飥（はくはく）」に由来するというのが、現在の有力説だ。「餺飥」は中国伝来の粉物であり、奈良時代の日本にはすでにあった。その後、日本ではうどんが餺飥の存在を消してしまうが、長く餺飥文化が残る地域もあった。山梨県では餺飥文化が残り、「はくたく」が「ほうとう」に変化して、いまに伝わったと考えられるのだ。

山梨県で、ほうとうという粉物文化が成立したのは、山梨県が米の栽培に不適な土地だからでもある。四方を山に囲まれたうえ、水はけのよい土壌の多い山梨県は、米作に向かない。そこで小麦を使ってほうとうにして、カボチャや野菜、汁で量を増やしながら、でんぷん不足を補ったのだ。

日本各地でこんなにも違う正月料理の不思議

東日本には、お歳暮に荒巻ジャケを贈る習慣がある。もちろん、関西の家庭に届くこともあるが、関西人はシャケが届いても、もう一つピンと来ない。関西人が正月に食べる魚はブリだからである。

正月に食べる魚を「年取り魚」と呼ぶが、東のシャケと西のブリの境目は長野県あたりである。その昔は、魚の輸送手段が限られていたので、年取り魚に東西の違いが生まれたのも無理はない。

関東には、北海道や東北で獲れたシャケが運ばれ、身が紅色であることから縁起物とされ、関西では北陸を中心に獲れる寒ブリが、出世魚であることもあって年取り魚とされた。

年取り魚以外にも、日本各地には、それぞれの正月料理がある。たとえば、福島県には、正月に「あかあか餅」を食べる習慣がある。餅米に小豆を混ぜたもので、現在の福島県浜通り北部にあった相馬藩が、出陣前にこのあかあか餅を食べ、戦に勝利したという言い伝えから、縁起物とされるようになった。

その南の茨城県には、利根川などで獲れる鮒の甘露煮を食べる習慣がある。江戸中期、日光街道沿い栄えた宿場町で、旅人に鮒の煮つけを提供したのがルーツだという。

栃木県では、鬼の耳に似せた耳うどんが厄除けになるといわれるし、海のない山梨県ではアワビを丸ごと醤油で煮た煮貝が縁起物として食べられた。

長野県では、正月2日に長芋をすり下ろしてとろろ汁を作るが、これを「すり初め」、正月3日に麺類を食べ、これを「切り初め」と呼ぶ。

福井県では、正月料理の一つとして「ニシンの昆布巻き」を作るが、これは身欠きニシン（干物）と昆布を北前船が運んできていたからである。江戸時代の福井県は、北海道と大坂、京を結ぶ北前船の停泊地だった。

島根県では、中海（なかうみ）でとれた赤貝を煮つけにして縁起ものとしたし、広島県ではサトイモやエビの煮物を作って「はっすん」と呼ぶ。料理を盛る器が直径8寸（約24センチ）だったことと、「八」が末広がりで、縁起のよい数字だったからである。

長崎県では、「めでたいときには、やっぱり大きいもの」とクジラを食べる習慣があったし、大分県では、着色した魚のすり身でゆで卵をくるんだ練りものを「くじゃく」と呼んで縁起物としていた。

もとは、各地の特色に合わせて、多様な正月料理が生まれてきたわけだが、現在では、以上のような各地のお節料理をインターネットで注文して味わうこともできる。

どうして花祭り（灌仏会）といえば甘茶なのか

「甘茶」と聞いても、若い人には「何、それ？」という人もいるだろう。毎年、4月8日に寺院で催される花祭り（灌仏会（かんぶつえ））で、仏像にそそぎかけるものとして知られている。もともとは香油をつかっていたが、江戸時代に、味や香りのよい甘茶に代えられた。甘茶は黄褐色で、砂糖の数百倍という甘みがある。

甘茶を飲むと厄除けになるという地方もあれば、長野県には、神社のお祭りでお神酒（みき）代わりに供えるところもある。また、古くから、しょうゆに甘みをつけたり、漢方薬に混ぜて苦みを消すためにも利用されてきた。

甘茶の茶葉は、普通のお茶の木ではなく、ユキノシタ科の落葉低木「アマチャ」から収穫される。

アマチャはアジサイの仲間で、7月頃にアジサイに似た花をつける。9月頃、その若い葉を摘んで天日干しにしてから蒸し、よく揉んで青い汁を絞り出す。その後、乾燥させたものが甘茶の茶葉である。おもな産地は、長野県、富山県、岩手県などである。

ちなみに、「花祭り」は、シャカの誕生日を祝う仏教行事。花で飾られたお堂に、甘茶を入れたお盆を置き、柄杓（ひしゃく）で甘茶を仏像にそそぐ。シャカの誕生を慶び、天に9匹の龍が現れ、甘露の雨を降り注いだという伝説を模した儀式とされている。

伊豆諸島が「くさや」の名産地になったのは？

江戸時代から伝わる干物の珍味に「くさや」がある。

もし、窓でも開けてくさやを焼こうものなら、隣近所からの苦情を覚悟しなければならないほどの強烈なにおいを発する。だが、一度クセになると、病みつきになる味といわれる。

それほど個性豊かなくさやは、内臓を抜いたムロアジを３００年以上伝わる塩汁に漬けては干すという作業を繰り返してつくられる。

ところが、日本に港町は多いが、くさやをつくっているのは大島や三宅島、新島などの伊豆諸島だけ。なぜ、伊豆諸島だけでくさやがつくられるようになったのだろうか。その理由は、二つある。

一つは、冬の間、伊豆諸島近くの海は大荒れとなり、漁ができないこと。そのため、夏の間に獲った魚で、大量の干物をつくり置きしなければならなかった。島の厳しい環境の中で、生き抜くために考え出された知恵の産物が、くさやなのだ。

もう一つの理由は、昔は塩が貴重品だったため、塩汁を繰り返し使ったことである。ムロアジを塩水に漬けては干すという作業を繰り返す際、塩をふんだんに使用できれば、一度使った塩水を捨て、次は新しい塩水に漬けていたことだろう。

ところが、米の収穫量に恵まれなかった伊豆諸島の島々にとって、塩は、米と物々交換するための貴重品だった。そのため、塩を自分たちで大量に使うことはできず、塩汁を大切に保存して、繰り返し利用してきたのである。

やがて、その塩汁が発酵して、くさや菌と呼ばれる菌が発生。その作用で、あの独特の風味をもつくさやができるようになった。

江戸時代から何百年も伝わってきた塩汁は、もうつくり直すことができない。そのため、三宅島や大島の三原山が噴火するたびに、くさや愛好家から、秘伝の塩汁がダメになってしまうのではないかと心配する声が上がっている。

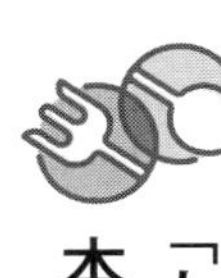

「カツオのたたき」は本当にたたいて作るの？

アジのたたきやイワシのたたきは、身を細かく切って庖丁の側面でたたく。料理屋や寿司屋で出されるアジのたたきを見ると、たしかにたたかれた痕跡がある。

ところが、カツオのたたきには、つぶさに観察しても、庖丁でたたかれた様子はない。同じ「たたき」という料理でも、カツオはたたかないのだろうか。

といえば、高知出身者から「ちょっと待ったぁ」の声がかかりそうだ。本場土佐の「カツオのたたき」は、カツオをたたいているからである。

同じ高知県内でも、地方によってつくり方は微妙に異なるが、基本的には、まずカツオを火であぶってから氷水で冷やす。それから水気を拭き取ってニンニクをこすりつけ、タレをかけてあさつきなどをまぶす。その後、タレがよく染み込むように、庖丁の側面でたたいて仕上げる。

ところが、この料理が各地へ伝わるにつれ、「庖丁でたたく」という作業が省略された。やがて、ニンニクをすり込むことも略され、今では単に火であぶったカツオを冷やした料理として知られるようになった。

そのため、「カツオのたたき」と呼ばれながら、多くの地方で、実際にはたたかれずに客の前に出されている。

なお、カツオを焼くことには、表面の雑菌を殺すとともに、皮の脂を身に含ませるという意味もあれば、カツオのうま味を閉じ込め、生臭さを消すという効果もある。

納豆といえば「水戸」が有名になった裏事情

納豆は、かつては東日本の食べ物だったが、いまや西日本も制して、全国区の食品となった。その納豆の中でも、最有力ブランドは水戸納豆だ。

納豆は全国で生産されているのに、茨城県の水戸納豆が最も有名になったのは、品質がすぐれていたからだけではない。今の言葉でいえば、マーケティングで大成功したからだ。

江戸時代から、水戸藩では納豆づくりが盛んで、黄門様として知られる徳川光圀も、有事の備蓄食糧として納豆づくりを勧めていたといわれる。ただし、江戸時代、水戸の納豆が全国的に知られることはなかった。

水戸の納豆が有名になるのは、明治時代になってからだ。まず、水戸納豆の有名ブランド「天狗納豆」の創始者である初代笹沼清左衛門が、納豆の商品化を構想する。彼は仙台で納豆の製造を学び、試行錯誤を繰り返したのち、独特の糸引(いとひき)納豆の開発に成功する。彼は、その納豆を「天狗納豆」の名で売り出した。「天狗」の名は、水戸の幕末の尊皇攘夷派として知られた水戸天狗党に由来する。

清左衛門は、納豆を販売するにあたって、独自の販売方法を考案する。それまで、納豆の販売といえば、リヤカーを引いて売り歩くのが普通だったが、彼が目をつけたのは、１８８９年（明治22）に開通した水戸鉄道である。ちょうど同じ年に、天狗納豆を創業していた彼は、水戸鉄道の水戸駅前で納豆を販売することを思いついたのだ。

水戸鉄道の創業は一大イベントであり、開通式には榎本武揚といった大物も参列したほどだ。水戸駅は人でにぎわい、駅前広場で売られる天狗納豆はたちまち広く知られることになった。それまでは、リヤカーによる巡回方式で売られていた納豆が、駅で集中販売されることになったのだ。

駅のホームで販売すると、水戸の天狗納豆の評判は、乗客の口コミによって、関東一円に広まっていった。やがて、納豆といえば水戸というイメージが、少なくとも関東地方では定着し、水戸納豆はブランド化に成功したのである。

コンニャクといえば「群馬」が有名になった裏事情

コンニャクといえば、群馬県。コンニャクの原料となるコンニャクイモの収穫高で、群馬県は断然トップである。日本における収穫の約9割を群馬県が占め、2位にはお隣の栃木県がくる。

なかでも、コンニャクの産地として名高いのは、県南西部にある下仁田(しもにた)町、南牧村(なんもく)である。その理由は、下仁田をはじめとする群馬県が、コンニャクイモの栽培にぴったりだったからだ。

コンニャクイモは南方産で、低温に弱く、病気になりやすい。また、水はけが悪い土地でも病気になりやすい。さらに、南方産のくせに、直射日光を苦手とする。さほど日差しが強くないところが好適地なのだ。

群馬県は、そんなコンニャクイモの特質に合った土地なのだ。群馬県には山が多いので、直射日光を浴びない土地はいくらでもある。それでいて、極端な低温になることはない。しかも、山間部の傾斜地は水はけがよく、コンニャクイモの栽培に適しているのだ。

さらに、コンニャクイモを加工するにも、群馬県の気候は適していた。カギとなるのは、上州名物のカラっ風である。コンニャクイモを加工するには、天日加工が必要となる。天日加工には乾燥した気候が欠かせない。上州のカラっ風は、それを満たしているのだ。

カラっ風は、非常に乾燥した風である。晩秋から冬にかけて、日本海側から日本列島に吹きつける強い風は、海水の蒸発を含んだ湿った風だ。ところが、群馬県に吹きこむ前に、風邪は群馬・新潟の県境にある三国山脈や越後山脈にぶつかり、大雪を降らせる。そして、水分を失った風が上州に吹きこむのだ。そうした乾いたカラっ風は、コンニャクイモの天日干しにぴったりなのだ。

関東大震災が信州味噌を〝全国区〟に押し上げた⁉

味噌の生産額で日本一の県は、信州味噌の長野県。2016年の統計では703・4億円、全国シェアの50・5パーセントを占めている。2位は八丁味噌で知られる愛知県（105・7億円）だが、全国シェアは7・6パーセントにとどまっている。出荷量を見ても、長野県は20万2611トンと、愛知県の4万240トンを大きく引き離している。

長野県には、全国的に知られた味噌メーカーも多数ある。長野市にはマルコメ、伊那市にはハナマルキ、諏訪市にはタケヤみその竹屋がある。ほかにも、中小の製造会社が多数存在する。

もともと、長野県の冷涼な気候環境は味噌づくりに適していて、鎌倉時代にはすでに味噌づくりがはじまっていた。明治以降、企業化が進みはじめるが、信州味噌が全国シェアの半分近くを獲得するきっかけとなったのは、1923年（大正12）の関東大震災である。

震災によって、首都圏の味噌工場が大打撃を受け、生産がストップした。そんななか、長野県の信州味噌が救援物資として首都圏に運ばれた。

そのとき、多くの東京人が信州味噌を初めて口にすることになった。そのやや辛口な味わいは東京人を魅了し、信州味噌は首都圏進出を果すことになったのだ。こうして、東京を中心とする関東の食卓では、信州味噌が多く登場するようになり、東京を制したことで、信州味噌は全国区の味噌へと成長することになったのだ。

愛知県の伝統野菜「守口大根」の意外すぎるルーツ

愛知県の名物、守口大根は、とにかく長い。直径は2～3センチ程度しかないのだが、長さは120センチにもなるのだ。180センチ以上と、人間の背丈よりも長いモノもあるほどだ。

守口大根は、通常の大根よりも固く、生で食べるのには向かない。そのため、酒粕に漬けて漬け物にして食される。それが、守口漬であり、現在、守口大根はほぼすべて守口漬となっている。生産者と漬物業者の契約によって栽培量が決められているため、守口大根が普通の商店に出回ることは、まずない。

守口大根が栽培されているのは、愛知県と岐阜県内である。とりわけ、愛知県丹羽郡扶桑町は全国の6割以上のシェアを占めている。

守口大根という名前を聞いて「あれっ」と思うのは、大阪人だろう。大阪府には守口市があり、大阪の守口と大根を結びつけてしまうのだ。じつは、この連想は正しい。守口大根の名は、大阪の地名である守口に由来するのだ。大阪の守口は、一昔前までは、日本を代表する守口大根の産地だったのだ。

守口での守口大根の栽培は、室町時代末期にはじまったとみられる。守口大根の名が一気に高まるのは、豊臣秀吉によってである。豊臣秀吉は、天下統一に向かう時期、守口に宿泊することとなった。そのとき、守口漬が秀吉に供された。秀吉は守口漬を珍味と賞賛し、正式に「守口漬」の名を与えたと伝えられる。

江戸時代になると、守口は東海道筋の宿場町として栄える。守口に泊まった旅人は、守口漬を食べ、そのおいしさを口コミで伝えたので、守口漬の名はやがて全国的に知られていくことになる。

ところが、明治以降、守口での大根栽培は衰退に向かう。淀川堤防の改修によって、栽培地が失われたうえ、都市化が進んで、守口大根を栽培する農地が消え去ることになったのだ。

戦後、その隙間を埋めたのが、愛知県の扶桑町である。扶桑町では、1951年に守口大根を試作し、それを機に産地化を進めた。もともと、愛知県には、大根や瓜を粕漬けにする習慣があったので、守口漬の製造にも対応できた。こうして、大阪をルーツとする守口大根が、愛知県の名物として継承されることになったのである。

「鳩サブレー」はどうして鳩の形になった？

鎌倉の定番みやげの一つ、鳩サブレー。考案したのは、若宮大路に本店を構える老舗菓子店、豊島屋の初代店主・久保田久次郎である。豊島屋は、1894年（明治27）創業の和菓子の老舗。その和菓子店が、なぜ洋菓子の鳩サブレーを売り出すようになったのだろうか？

きっかけは、創業して約3年が経った明治30年頃のある日、来店した外国人にビスケットをもらったことだった。そのビスケットは、手のひらほどもある大きな楕円形で、生地にはジャンヌ・ダルクが馬に乗り、槍をかざしている図柄が刻まれていた。それを食べた久次郎は、バターがたっぷり使われたビスケットのおいしさに感動し、日本の子どもたちにも食べさせたいと研究をスタートした。

試行錯誤の末に完成したビスケットを、欧州航路帰りの船長に試食してもらったところ、船長は「この菓子は、フランスで食べたサブレーというものに似ている」とつぶやいた。久次郎は「サブレー」という名の菓子があることさえ知らなかったが、「サブレー」が三郎という日本男子の名前に通じることから親しみを覚え、この名前を気に入ったという。

ただし、当初のサブレーは、丸い抜き型でつくられていた円形のものだった。それが「鳩」の形になったのは、次のような理由からである。

つねづね、久次郎は鶴岡八幡宮を崇敬し、本殿の掲額にある八幡の「八」の字が鳩の抱き合わせの形をしていること、また境内にいる鳩が子どもたちに親しまれていることから、鳩をモチーフに何か作れないかと考えていた。

やがて、新作菓子のサブレーと鳩を組み合わせることを思いつき、鳩の抜型を作って焼き上げ、「鳩サブレー」の名前で売り出した。というわけで、今、広く親しまれている鳩サブレーのモデルは、鶴岡八幡宮のハトだったというわけである。

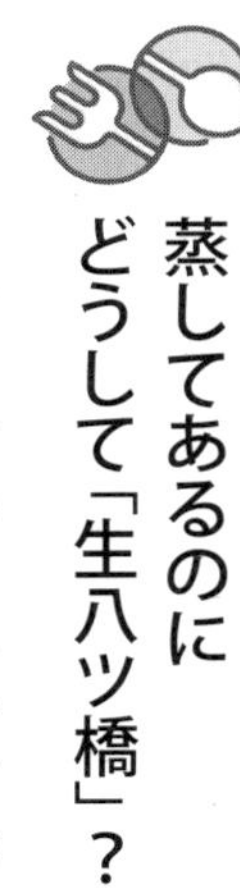

蒸してあるのに どうして「生八ツ橋」？

京都名物の八ツ橋には、「八ツ橋」と「生八ツ橋」の二種類がある。そのうち、八ツ橋は、生地を薄くのばして焼き揚げた、堅焼きせんべいの一種で、一説によると、これを考案したのは江戸時代に活躍した琴の名手、八橋検校（やつはしけんぎょう）だという。

ある朝、検校が井戸へ行くと、親しくしていた茶店の主人が米びつを洗っていた。米びつに残った米が洗い流されるのを見た検校はもったいないと感じ、「それで堅焼きせんべいを作ったらどうか」と店主にアドバイス。そうして出来あがったのが八ツ橋の原点で、琴の形をしているのは、琴の名手だった検校にちなんだものだという。

一方、「生八ツ橋」が生まれたのは、昭和になってからのこと。昭和35年5月17日、祇園祭り山鉾巡行の前日に、祇園一力（いちりき）で開かれた茶会に出された菓子「神酒餅（みきもち）」がもとになったといわれる。

ところで、生八ツ橋は、その名前から、何の熱処理も施していない〝生菓子〟と勘違いされがちだが、実際はそうではない。米粉、砂糖、ニッキを混ぜた生地を蒸し、そのうえで、味付けを施している。純粋な生菓子より日持ちするのは、生地を加熱しているからなのだ。

生ではない菓子が「生」と呼ばれるようになったのは、職人たちが使っていた業界用語が関係している。八ツ橋づくりに携わる職人の間では、従来の八ツ橋（堅焼きせんべい）と区別するため、焼く前の八ツ橋を「生八ツ橋」と呼んでいた。それが一般にも広まり、そのまま商品名になったのである。

九州人はどうして甘い醤油が好みなのか

九州の醤油は、甘いことで知られる。九州に出かけた東京人、大阪人からすれば、「甘すぎて、素材の味を台無しにしている」となるし、地元・九州人からすれば「この甘さのよさがなぜ、わからないのか」となる。

九州の醤油が甘いのは、砂糖を使っているからだ。さらには、植物性甘味料のステビアや甘草エキスといった甘味料も使用している。九州人が甘い醤油を好むのは、その環境に由来するからといえるだろう。九州は、日本にあって古くから砂糖を手に入れやすい地理的位置にあった。江戸時代、日本は、オランダから長崎貿易を通じて、砂糖を輸入していた。九州では、長崎貿易によって入ってくる砂糖を比較的手に入れやすかったので、九州人には早くから甘いものを好む傾向が生じたのだ。

江戸中期になると、九州の西南部で、サトウキビの栽培がはじまる。とりわけ、奄美大島でサトウキビ栽培が盛んになり、薩摩藩をはじめ、九州では砂糖をさらに手に入れやすくなった。

さらに、温暖な九州では果物の生長が早く、かつ甘い。5月からスイカを食べているような地域だから、ほぼ年中、甘い果物に口にできる。しかも、九州南部、鹿児島県を中心にした一帯はサツマイモの産地である。サツツイモもまた甘い食べ物であり、九州人はその環境から甘い食べ物になじんできたのだ。

そういう環境もあって九州の醤油には、じょじょに砂糖や甘味料が入れられるようになり、甘い醤油ができあがったのだ。

COLUMN 3 「食」にまつわるしきたり・習慣のナゾ

七草粥——1月7日に食べるのは？

正月が明ける1月7日、「七草粥」を食べる風習がある。七草（せり、なずな、ごぎょう、はこべら、ほとけのざ、すずな、すずしろ）を入れた粥を食べると、邪気を払い、万病を除くと信じられてきた。

じっさい、正月に七草粥を食べるのは体によい。せりは鉄分が多く、はこべらは24パーセントものタンパク質を含み、すずしろ（大根）はジアスターゼ酵素によって消化をうながす。七草粥は、正月の食べすぎによる胃腸の疲れを癒すのにぴったりのメニューというわけだ。

柏餅とちまき——端午の節句に食べるのはなぜ？

5月5日の端午の節句には、ちまきを食べる。この習慣は、中国の故事に由来する。

戦国時代の詩人・屈原は、楚の王族出身で外交でも活躍したが、秦につながる一派に足をすくわれ、政界を追われ、放浪の末、川に身を投げた。その日が5月5日だったという。

後年、屈原の死を悼む人々が、米を入れた竹筒を水中に投げ入れて、霊を供養した。それが、笹などの葉に巻かれ、糸で固く縛られ、今のちまきになったのは、屈原が夢枕に現れ、水神に食べられてしまうと嘆いたからだと伝えられている。

そうめん――七夕に食べるのはなぜ？

そうめんは、奈良時代に中国から伝わり、「索餅（さくべい）」と呼ばれていた。平安時代の『延喜式（えんぎしき）』には、すでに「旧暦の7月7日に食すと大病にかからない」と紹介されている。

鎌倉時代になると、細く長くのばした今のようなそうめんが登場。やがて、七夕の織姫伝説にちなんで、長いそうめんを糸に見立てて、お供えする風習が広まった。そして、食欲の落ちる夏場に、涼やかなそうめんを食べる風習が定着したとみられている。

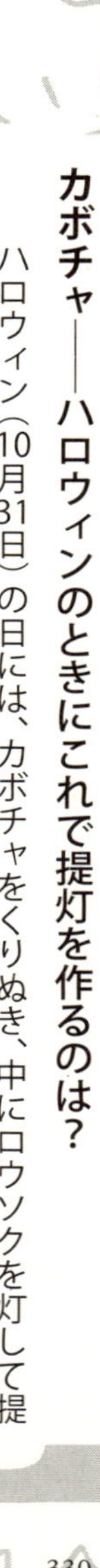

カボチャ——ハロウィンのときにこれで提灯を作るのは？

ハロウィン（10月31日）の日には、カボチャをくりぬき、中にロウソクを灯して提灯のようにして飾る。そもそも、ハロウィン発祥の地のイギリスやアイルランドでは、提灯の材料に、カボチャではなく、大カブなどを使っていた。

それがカボチャに変わったのは、この風習がアメリカに渡ってからのこと。アメリカではペポカボチャという、大きなカボチャの栽培が盛んだったからだ。その栽培が簡単なこともあって、今でもハロウィンといえば、このカボチャが使われている。

餅——なぜ東は角餅、西は丸餅になった？

お雑煮には、東は角餅、西では丸餅形が使われる。そもそも、鏡餅を見てもわかるとおり、餅は丸いものだった。その理由としては、満月が完全な形である円をしていることから、それをかたどったという説が有力だ。

それが関東で角餅に変わったのは、四角であれば、一つずつ手でこねて丸める必要がなく、のし餅を包丁で縦横に切るだけで手早く作れたからという説が有力だ。

7
聞けば驚く雑学！意外な食べ物の裏話

南極観測隊は、南極で野菜を栽培している⁉

南極観測隊には「夏隊」と「越冬隊」があり、越冬隊ともなると1年以上を南極で過ごすことになる。

観測隊員が食べる食料は、1年に1度やって来る南極観測船で、新しい隊員と一緒に運ばれてくる。とはいえ1年という長丁場だけに、後半ともなると、野菜や果物といった生鮮食料品が不足してくる。

それを解消するため、以前から行われていたのが、モヤシやカイワレ大根などの水耕栽培だ。

ただ、生鮮野菜がモヤシとカイワレ大根だけというのは、あまりに寂しい。そこで、2010年、本格的な水耕栽培ができる野菜栽培室がつくられた。

野菜栽培室では、24時間照明が灯り、水耕培養液を循環させるポンプがつねに稼動している。その室温は、発電機エンジンの排熱を利用して、約30度に保たれている。

そのおかげで、南極でも、レタス、水菜、空心菜、サンチュ、ベビーリーフ、ゴーヤ、バジルといった野菜が栽培できるようになっている。２０１５年には、イチゴの収穫にも成功している。

南極には、土の持ち込みが禁じられているので、それらの野菜は、苗ではなく、種の状態で持ち込まれている。

ナイトゲームがあるプロ野球選手は「夕食」をいつ食べている？

プロ野球の試合は、ナイターで行われることが多い。すると、気になるのは、選手たちの夕食だ。

じつは、プロ野球の球場には、ベンチ裏に食堂がある。選手たちはその食堂を利用し、試合前や試合後、ときには試合中に食事をしているのだ。

食堂には、麺類や丼物といったが主食のほか、惣菜や果物、お菓子などが用意されている。バイキング方式で、何をどれだけ食べてもいい。外国選手にも、おいしく食べてもらうよう、祖国の料理を用意する球場もある。

通常は、試合開始の１～３時間前に食べ、試合開始後も、味方の攻撃時やグラウンド整備中などに、軽食を食べる選手がいる。試合中に食事をすると、体が重くなって走れなくなりそうな気もするが、そこは長丁場のプロ野球。途中でエネルギー補給したほうが、メリットは大きいようだ。

また、運動後、45分以内に食事をすると、疲労回復を早める効果があるといわれる。そのため、試合終了後に食事をしてから帰る選手もいる。体が資本のプロ野球選手にとっては、栄養管理も大事な仕事だ。自宅で栄養管理しにくい独身選手の場合、球場内の食堂は重要な栄養補給源という。

ビーフジャーキーの「ジャーキー」って何？

ビーフ・ジャーキー（beefjerky）は、保存用の乾燥肉のこと。牛肉に塩や香辛料を塗ったうえ、オーブンなどで乾燥させたり、燻煙（くんえん）したりしてつくる。

さて、このジャーキーという名には、どのような意味があるのだろうか？　まず、英語のjerkという動詞には、物を「引く」「押す」といった意味があるが、これはjerkyは直接の関係はない言葉。

ジャーキという名は、南米の先住民語のひとつケチュア語で、日干しの食材全般を意味する「チャルキ（charqui）」に由来する。それが、まずスペイン語に取り入れられた。

やがて、アメリカの西部開拓時代になると、開拓民たちは、移住する際などに、肉を細長く切り、乾燥させた食べ物を非常食として持ち歩いた。そうした保存用の肉が、「チャルキ（charqui）」と呼ばれた後、変化してジャーキーとなったのである。

重要イベントでシャンパンを飲むようになったのはあの〝会議〟から

シャンパンというと、おめでたい場や重要イベントで飲むアルコールという印象がある。コルクをポン！と勢いよく開け、グラスに注ぐとシュワシュワと泡立つ。いかにも華やかな場にふさわしい飲み物だ。

シャンパンは、フランスのシャンパーニュ地方で、特定の製法でつくられたものを指す。瓶内2次発酵を行ったあと、15カ月以上熟成させて造るというもので、17世紀後半、キリスト教修道士ドン・ペリニヨンが、その製法を確立したとされる。

シャンパンは、当初からハレの日用の飲み物だったわけではない。重要イベントで飲まれるようになったのは、ウィーン会議からのことだ。

1814年から1815年にかけて開かれたウィーン会議では、ナポレオン戦争後のヨーロッパ秩序の再建について話し合われた。そのとき、会議を主催したオーストリアの外相メッテルニヒは、いわゆる美食外交を行い、飲み物としてシャンパンを振るまったのだ。

さらに、1855年に開かれたパリ万国博覧会で、ナポレオン3世が農産部門の目玉に高級ワインを選び、シャンパンも出品された。これにより、世界各地から訪れた観光客が、シャンパンの存在を知ることになった。それらのイベントから、「シャンパン=大イベントで飲む酒」といったイメージが生まれ、華やかな場や重要イベントなどで飲まれるようになったのだ。

なお、発泡性のワインでも、シャンパーニュ地方以外でつくられたものはシャンパンとは呼べない。他の発泡性ワインは「スパークリングワイン」と総称される。イベントなどで出てきたのがスパークリングワインなのに、「やっぱりシャンパンはおいしいね」などと、したり顔でいうと恥をかきかねないので、ご注意のほど。

なぜ非常食といえば「乾パン」と「氷砂糖」？

非常食は、災害などの緊急時に備えて、常備しておく食品のこと。その非常食の中でも、安価かつ手軽な食品として利用されてきたのが、乾パンである。小麦粉、砂糖、食塩などにイーストを加えて発酵させたあと、１５０～２００度程度で焼く。ふつうのパンと違い、日持ちするよう、水分を極力使わずに造る。それが、乾パンという名前の由来でもある。

乾パンには、より日持ちするように、缶詰に入ったものもある。その缶詰には、乾パンだけでなく、氷砂糖がセットで入っていることが多い。それには、二つの目的があり、一つは糖分補給、もう一つは乾パンを食べやすくするためだ。

乾パンは、水分をほとんど含んでいないので、それだけでは硬くて食べにくい。よく噛めば、小麦の香ばしさや甘みを感じられ、それなりにおいしく食べられる。その際、役立つのが、氷砂糖なのだ。氷砂糖をなめると、唾液が出やすくなる。唾液がたっぷり出た状態で、乾パンを食べれば、ずっと食べやすく、おいしく感じられるというわけだ。

とりわけ、災害などの緊急時には、乾パンはあっても、飲み物がないという場合もありうる。そこで、乾パンと一緒に氷砂糖が入れられているというわけだ。

メーカーによっては、金平糖を一緒に入れている場合もあるが、これも同様の理由からだ。

「ポンジュース」の「ポン」って何？

えひめ飲料が発売しているポンジュースは、果汁100パーセントが珍しかった時代から、果汁100パーセントを売りにしてきたジュース。えひめ飲料の本社がある愛媛県は、いわずと知れたみかん王国だ。

愛媛県のみかん産業発展のため、当時、同県の青果農業共同組合連合会の会長だった桐野忠兵衛（ちゅうべえ）が、ジュースの製造販売を思いついたのが始まりだ。桐野は、1951年、アメリカで柑橘類の加工工場を視察した際、ジュース化を思いつき、翌1952年に発売を開始した。

もっとも、当初は果汁１００パーセントではなく、果汁１００パーセントになったのは発売から17年後の１９６９年のことだった。

「ポンジュース」という名の名付け親は、当時の愛媛県知事だった久松定武。当時は農協が製造・販売を行っていたので、農協が久松知事にネーミングについて相談したところ、久松は「日本一のジュースになるように」という意味で、ニッポンを略して「ポンジュース」と命名したという。

また、松山藩主の血を引く久松知事は、フランス在住経験があった。フランス語で「こんにちは」を意味する「ボンジュール」と響きが似ていることから、「ポンジュース」にしたという説もある。

ちなみに、現在、ポンジュースのラベルを見ると、ポンは「ＰＯＮ」ではなく、「ＰＯＭ」という表記になっている。当初の表記は「ＰＯＮ」だったのだが、「ＰＯＭ」に変えたのは、英語でブンタンを意味するpomeloや、果樹栽培法を意味するpomologyなど、「ＰＯＭ」で始まる柑橘関係の言葉が多いからだという。

というように、ポンジュースの「ポン」には、さまざまな意味と思いが込められているのだ。

なぜそうめんは西日本で広まり、東で広まらなかった？

そうめんの原形は、現代のわれわれが知っている、あの細い麺ではなかった。そうめんの祖先は、中国の「索餅(さくへい)」と呼ばれる食べ物で、練った小麦粉と米粉を縄のようによじり、揚げたり蒸したりして食べていたものだ。

その「索餅」が日本に伝わったのは、奈良時代のこと。現在の奈良県に伝わり、現在のようなそうめんに変化したとみられている。

そうめんの生産が盛んな地域の分布を見てみると、奈良・桜井市の「三輪そうめん」、香川県・小豆島町の「小豆島そうめん」、富山県・砺波(となみ)市の「大門そうめん」、兵庫県・たつの市、宍粟(しそう)市の「播州そうめん」、徳島県・つるぎ町の「半田そうめん」、長崎県・南島原市の「島原そうめん」など、西日本に集中していることがわかる。

一方、東日本で古くから食べられていたのは、そうめんより太い「ひやむぎ」だ。ひやむぎは室町時代、「切り麦」と呼ばれていたもので、小麦粉を切ってのばし、包丁で切って造るもの。「手延べ」によって細く伸ばされたそうめんとは、製法が異なる。

そうめんとひやむぎは、地域ごとに作られ、その地の郷土料理として定着していたが、それが全国的に流通するようになると、品質をそろえるために、1968年に、JASで太さなどの基準が決められた。そうめんは、太さが1・3ミリ未満、ひやむぎは1・3ミリ以上～1・7ミリ未満というのがその基準だ。

しかし、素朴な疑問もある。西日本で盛んに生産され、消費されてきたそうめんが、なぜ東日本ではあまり普及しなかったのだろうか？

それは「お伊勢参り」に理由があるとみられている。そうめんは、西日本から伊勢参りに行く人が、奈良を通ったときに三輪そうめんを買い求め、土産として持ち帰り、各地に広まった。一方、東日本から伊勢参りに向かうルートでは奈良を通らなかったため、東日本にそうめんが広まることはなかったのである。

せんべいといえばなぜ新潟なのか？

せんべいやあられ、おかきは、いずれも米から作られる米菓。ただし、使われている米の種類に違いがあり、せんべいの原料は、うるち米。あられ、おかきは、もち米を原料とし、味も食感も異なる。

　その米菓の大生産地といえば、新潟県である。現在、全国米菓工業組合に所属している新潟県の企業には、「亀田の柿の種」や「ハッピーターン」の亀田製菓、「ばかうけ」の栗山米菓、越後製菓、三幸製菓、ブルボンなど、有名企業が顔をそろえている。

　さすがは米どころ、と思うかもしれないが、新潟県で米菓の生産が盛んになったのは、1970年代に入ってからのことだ。

　ここで、新潟県の米作り史をさかのぼると、意外なことに、戦前まで、新潟米といえば、鳥も食べない〝鳥またぎ米〟と呼ばれ、商品価値は低かった。

　その状況が一変したのは、1944年、新品種の「コシヒカリ」が登場してからのことだ。

　水量豊富で、気候が冷涼な新潟県は、コシヒカリの栽培に適していた。とりわけ、魚沼地域は、等級「特A」ランクのコシヒカリの名産地となった。そこから、新潟県は日本を代表する米どころとなり、やがて日本第一の〝米菓どころ〟にもなったのである。

　逆に言えば、それ以前の新潟県は、米どころでもなければ、〝米菓どころ〟でもなかった。戦前から１９６０年代までの米菓製造は、東京、大阪、愛知県などが主な産地だったのである。

新潟県で米菓製造がスタートしたのは大正時代のことだが、昭和を迎えて戦争がはじまると、原料米の供給量が激減。米菓産業は打撃を受けたまま、敗戦を迎える。また、亀田製菓の前身「亀田郷農民組合」は、戦前、水あめの製造メーカーだったが、戦後、大手企業がアメの製造に乗り出すと、苦境に陥った。

そこで、今の亀田製菓など、各企業は米菓に目をつけた。米という原料に事欠かない強みを生かし、大手に対抗するため、自ずと商品を米菓に絞り込むことになったのだ。そうして、新潟の米菓産業は、全国トップの生産量を誇るまでに成長したのである。

カステラのルーツはスペイン？　それともポルトガル？

カステラは、今では日本のお菓子として定着しているが、もとは外国の菓子。戦国時代に、キリスト教や鉄砲とともにもたらされた。

日本にやってきた宣教師たちは、甘くておいしいカステラを領主や身分の高い武士、あるいは庶民にも与えて布教活動に利用した。織田信長や豊臣秀吉も好んで食したと伝えられる。

そのカステラのルーツは、スペイン、あるいはポルトガルといわれているが、どちらなのかは諸説あって判然としない。ここでは、両方の説を紹介してみよう。まずは「スペイン起源説」から。

カステラという名前は、スペインのカスティーリャ（Castilla）に由来するという。スペインの首都マドリードを中心に、南東に広がる地域を「カスティーリャ・ラ・マンチャ」、北西に広がる地域を「カスティーリャ・イ・レオン」という。つまりカステラは、カスティーリャ国でつくられていたお菓子が日本に伝わり、「カスティーリャ」が「カステラ」に転じたという説である。

一方、ポルトガルには「パン・デ・ロー」というふわふわに焼き上げたお菓子があり、それがカステラのルーツだという説もある。

パン・デ・ローは円形に焼かれるのが一般的だが、地域によってカステラのように長方形のものもある。

バン・デ・ローの作り方を日本人に教えたポルトガル人が、「卵白を城（＝カストロ）のように、高くツノが立つように泡立てるように」とアドバイスした。その「カストロ」が、やがて「カステラ」に転じたという。

チョコレートの包装には、なぜ銀紙を使っている？

板チョコといえば、銀紙に包まれているもの。粒タイプのチョコも、一粒ずつ、銀紙で包まれていることが多い。なぜ、チョコレートは銀紙に包まれているのか？——と疑問に思ったことはないだろうか。

チョコを包んでいる銀紙の正体は、アルミ箔。アルミニウムを厚さ1ミリの100分の1程度にのばしたものだ。

ご存じのとおり、カカオマスを原料に作られるチョコレートには、脂肪分が多く含まれている。その脂肪分が光や湿気にさらされると酸化して、風味や味が落ちてしまう。銀紙は、光や湿気、カビ、暑さなどからチョコレートを守るために使用されているのだ。

遮光や湿気防止が目的なら、別の素材を使ってもよさそうだが、長年、アルミ箔＝銀紙が使われてきた理由は、第一に簡単に手で開けられるから。食べかけの残りをしまうときも、銀紙なら簡単に包み直すことができる。

当初、チョコレートの包装には、錫箔が用いられていた。日本では、1930年（昭和5）にアルミ箔が作られたが、穴があいたり、厚さが均一にならなかったりしていた。その後、改良が重ねられたことで、チョコの包装といえば、銀紙という定番スタイルができあがったのである。

ちなみに、バターの包装に使われている銀紙も、アルミ箔だ。バターを包む銀紙も、酸化や冷蔵庫の匂い移りなどから、バターのおいしさを守ってくれているのである。

北海道で取れる昆布が沖縄でよく消費されるのは？

昆布は、沖縄料理に欠かすことのできない食材だ。クーブイリチー（昆布の炒めもの）、クーブマチ（魚の昆布巻き）をはじめ、ソーキそば、ティビチ、汁ものまで、昆布はさまざまな沖縄料理に用いられている。むろん、沖縄の昆布消費量は、全国トップレベルにある。

沖縄で昆布料理が広まったのは、江戸時代のことだが、ここで一つ疑問がわく。昆布のとれない沖縄で、なぜ食べられてきたのだろうか？

それは、かつて琉球を支配下に置いた薩摩藩を経由して、富山藩から沖縄へ昆布が持ち込まれていたからだ。

18世紀、蝦夷地と呼ばれていた北海道でとれる昆布やニシンなどの海産物は、北前船に積み込まれ、各地に運ばれていた。この昆布に目をつけたのが、いわゆる富山の薬売りたちだった。

鎖国時代、唯一の貿易港だったのが長崎。その長崎から中国へ運ばれた主力商品のひとつは、北海道の海産物で、とりわけ昆布は甲状腺の薬として、中国でよく売れていた。一方、中国からは漢方薬「唐薬種」がもたらされ、それは富山の薬売りにとって、のどから手が出るほど欲しい品物だった。しかし、輸入品は幕府の統制下にあり、高価なうえに、数も限られていた。

そこで、彼らが思いついたのが、薩摩藩を通じて、琉球経由で中国との密貿易ルートを築き、唐薬種を大量かつ安価で手に入れようという策だった。さっそく、富山の商人は、雇い入れた船で北海道の昆布を仕入れると、北海道から薩摩へ、また薩摩から琉球を経由して中国へと昆布を運び、代わりに中国から薬種を仕入れ、富山で薬に加工して全国に売り歩いた。

そして、この〝昆布密輸〟の中継地となった沖縄には、大量の昆布がもたらされ、庶民の口にも入るようになったのである。

昆布の旨み成分であるグルタミン酸は、沖縄で古くから食べられていた豚肉料理との相性が抜群だった。肉のうま味、昆布のうま味の相乗効果で、沖縄には独自の昆布料理が根づくことになったのである。

縁起がよくても おせちの食べ過ぎには要注意のワケ

正月料理の定番、おせち料理。正月に、縁起のよい食材を食べるために作られてきた料理といわれる。たとえば、黒豆には「マメ（達者）に働けるように」、数の子には「子孫が繁栄するように」といった願いが込められるという。

そうしたおめでたいおせち料理ではあるが、栄養学的に見ると、ヘルシーなメニューとはいえない。おせち料理は3日分程度をまとめて造るため、保存性を求められる。必然的に、食塩やしょうゆなどを多く使うことになり、食べすぎには要注意だという。

管理栄養士によると、代表的なおせち料理である昆布巻き、かまぼこ、さわら焼き、田作り、数の子、だて巻き、きんとん、黒豆、煮染め、くわいの10品を食べると、1食当たりの食塩摂取量は7・8グラムにもなるという。国が目安としている食塩の1日の摂取目標量は、男性が8グラム未満、女性が7グラム未満だ。おせち料理を一食食べただけで、ほぼ1日分の塩分を摂取することになってしまうのだ。

カロリー面も、要注意だ。おせち料理には、砂糖を大量に使っているものが多いため、意外にカロリーが高いのだ。

とりわけ、砂糖が多いのは、栗きんとん、黒豆、だて巻きで、これらには、お菓子に近い量の砂糖が使われている。栗きんとんは栗2粒（約80グラム）で170キロカロリー、黒豆は1人前（約20グラム）で57キロカロリー、だて巻きは2切れ（約40グラム）で80キロカロリーもある。おいしいからといってパクパク食べていると、大変なカロリー摂取になってしまうのだ。

野菜の煮染めも、おせち料理の場合、油断は禁物だ。普通ならヘルシー料理といえる野菜の煮染めだが、おせち料理では、ふだんよりもしょうゆと砂糖が多めに使われている。すると、やはり塩分やカロリーの過剰摂取につながる危険が高いので、食べ過ぎにはご用心のほど。

醤油の〝一気飲み〟はどうして危険なのか

戦前、徴兵検査で落ちるためには、醤油を大量に飲めばいいという伝説があった。醤油を大量に飲むと、中毒症状を引き起こすからだ。数時間後には頭痛、発熱があり、低血圧、頻脈、めまい、痙攣（けいれん）を引き起こす。そんな状態で検査を受ければ、兵隊には不適格と判断されるというのだが、それはじつは死に至りかねない危険な行為だった。症状がさらに深刻化すれば、尿細管壊死による腎臓障害を引き起こすおそれがあるからだ。また、呼吸停止や昏睡に至る危険性もある。

醤油を大量に飲むと命取りになりかねないのは、醤油に大量の塩分が含まれているからだ。食塩（塩化ナトリウム）は人間が生きていくのに欠かせない物質だが、その一方で、塩分は大量に摂取すると中毒死を招く〝危険物質〟でもある。血液中の塩分濃度が1キロ当たり0・5～1グラムに達すると、中毒症状が起き、塩分が血液1キロあたり1～5グラムともなれば、致死量となるのだ。

それを醤油に当てはめれば、薄口、濃口でも変わるが、168～1500ミリリットルが致死量となる。つまり、醤油さし2本分の醤油を一気飲みすると、早くも、命が危うくなりはじめる。一升瓶の醤油をまるごと飲み干すと、おおむね死に至ることになるのだ。

なお、醤油を大量に飲んだとき、症状が悪化しやすいのは、濃口醤油よりも薄口醤油のほうだ。

意外なことに、薄口のほうが塩分含有量は多く、濃口の塩分濃度が16・2パーセントであるのに対して、薄口は20パーセントにも達するからだ。

新鮮な茶葉を保つためのティーバッグのひと工夫

お茶をおいしく飲むためには、できるだけ新鮮な茶葉でいれることが大事だ。とくに気をつけたいのが、茶葉を酸素に触れさせないこと。酸素に触れると、茶葉に含まれる葉緑素やカテキンが酸化し、味が落ちてしまうのだ。

また、緑茶の場合、中に含まれているビタミンCが酸化し、栄養も損なわれることになる。

加えて、湿度の多い環境も禁物。茶葉は含有する水分量が増えると、酸化が進んでしまうのだ。また、光にも、葉緑素の分解を促進させる作用がある。

つまり、茶葉にとって酸素、湿気、光は大敵であり、それらから茶葉を守るため、お茶メーカーは包装に気を使っている。袋詰めする場合、真空包装にしたり、脱酸素剤の封入や窒素ガスの充填などによって中の酸素を除去するのだ。

そして、開封後は気密性の高い容器に入れ、冷暗所で保管することを推奨している。一度開封したお茶は、夏なら半月程度が賞味期限となる。

ここで気になるのが、ティーバッグのお茶だ。ティーバッグのお茶は、1回分ごとにバッグの中に入っている。バッグの素材は布や不織布などであり、袋の中の茶葉にお湯をかけて使うのだから、もちろん袋の気密性は低く、酸素も湿気も通す。そんな状態ではすぐに酸化してしまいそうな気がするが、じつはティーバッグの場合、ティーバッグを入れる袋にさまざまな工夫が施されている。

一般に、ティーバッグの袋は、いちばん外側が上質紙で、その内側がポリエチレン、その内側がアルミ箔、さらに内側がポリエチレンという4層構造になっている。ポイントは、3層めにあるアルミ箔で、ティーバッグの中の茶葉を光や湿度から守っている。さらに、袋詰めする際、窒素ガスを充填して酸素と置換することで、酸化も防いでいる。

ちなみに、ティーバッグの袋には、アルミ箔を使わず、紙だけでティーバッグを保護しているものもある。その場合、アルミ箔を使ったものに比べると、劣化が多少早くなる。

ぬるくなると味噌汁の味が極端に落ちる理由

朝の残り物の味噌汁を昼に飲もうとしたときだ。面倒がって温めなおさずに飲むと、驚くほど、まずく感じるもの。それは時間が経ったからだけではない。「冷めた味噌汁」というものは、温かい味噌汁とは、まったく味の違う食べ物なのだ。

味には、塩味、酸味、苦味、甘味、うま味の5種類がある。味噌汁の場合、味としておもに感じるのは、塩味とうま味。このうち、塩味は、温度の影響をあまり受けない。冷たい料理でも熱い料理でも、感じる塩味にほぼ変わりはない。

一方、うま味は、温度によって一変する。うま味は、体温ぐらいのときがいちばん強く感じられ、温度が下がるほどに感じ方が弱くなる。味噌汁がもっともおいしく飲める温度は、60~70度といわれる。それぐらいの温度だと、舌で味わうとき、ちょうど体温ぐらいになるのだ。

60度以下の味噌汁は、舌が味を感じるときには体温より低くなり、うま味を感じにくくなる。そのため、冷めた味噌汁は、塩味が勝ちすぎておいしく感じられないのだ。残り物の味噌汁を飲むときは、多少面倒でも温め直して飲むことだ。

生だと臭わないレバーをヘタに焼くとなぜ臭う?

焼き肉店や焼き鳥店のメニューにある「レバー」は、牛・豚・鶏の肝臓のこと。栄養豊富で、とりわけ鉄分を豊富に含むことから、鉄分補給にはもってこいの食材として知られている。

だが、食べ物の好みは、人それぞれ。レバニラ炒めが大好物という人がいる一方、「あの匂いが苦手で……」と敬遠する人がいるのも事実。しかも、不思議なことに、生のレバーは匂わないのに、加熱すると、独特な匂いを発しはじめる。あの焼きレバーの匂いは、いったい何なのだろうか？

加熱レバーの匂いのもとは、アラキドン酸という不飽和脂肪酸の一種。では、不飽和脂肪酸とは何だろう？

魚や肉に含まれているアブラ、脂質には「飽和脂肪酸」と「不飽和脂肪酸」の二種類があり、それぞれの性質には違いがある。

飽和脂肪酸を多く含むのは、バター、ラードなど、動物性の脂質で、熱すると溶けるが、常温では固まるという性質がある。一方、不飽和脂肪酸は、魚に多く含まれる脂肪分。健康成分といわれるＤＨＡ（ドコサヘキサエン酸）や、ＥＰＡ（エイコペンタエン酸）など、〝血液をサラサラにする〟といううたい文句で知られる成分が、その代表格。じつは、肉の肝臓であるレバーのＡＲＡ（アラキドン酸）も、その一つだ。

それが、匂いのもとになるのは、血液の赤血球に含まれている鉄分が、加熱されることで、活性化し、ほかの物質を酸化・分解するため。レバーの場合は、加熱すると、活性化した鉄分によって、アラキドン酸が分解され、あの独特な匂いを発するのである。

レバーの匂いをおさえておいしく食べるコツは、たっぷりの油を使い、高温で調理すること。フライパンに油をそそいだら、充分に加熱したところにレバーを入れ、一気に調理する。こうして、加熱時間を短くすると、アラキドン酸の分解が進まず、そのぶん、匂いの発生をおさえることができるというわけだ。

日本オリジナルの「とんかつソース」が生まれるまで

とんかつソースは、日本オリジナルのソース。日本人は、その独自の味を生みだすまでに、約半世紀の時間をかけてきた。

とんかつソースの源流にあるのは、ウスターソースである。ウスターソースは、19世紀初期にイギリスで生まれたという。英国・ウスタシャー州の主婦が、余った食材を調味料と一緒に保存したところ、たまたまおいしいソースができあがっていたというのだ。

その後、別のイギリス人がインドのソースをもとにして、独自にソースを開発する。それが、リー＆ベリン社のウスターソースとなって、世界に普及していく。

ウスターソースが日本に伝来したのは、明治の半ばのことで、１８８５年、神戸の阪神ソースが業務用として販売を開始する。阪神ソースの創業者は、リー＆ベリン社で学び、神戸の肉に合うソースを開発しようとしたという。続いて、ヤマサ醤油が「新味醤油」というふれこみでソース事業に参入するが、当初、ウスターソースは日本では受け入れられなかった。

情勢が変わったのは、１８９４年のことだった。大阪で三ツ矢ソースが売り出されると、これが評判を呼び、以後、多くのメーカーがソース業界に参入する。

ただ、第２次世界大戦まで、今のとんかつソースのような濃厚なソースはなかった。とんかつソースが生まれるのは、戦後まもない１９４８年のことだ。神戸の道満（どうまん）調味料研究所（現・オリバーソース）が開発、まずは関西人に受け入れられていく。

関西には、とんかつの名店もあれば、お好み焼き店もたこ焼き店も多数あった。関西には、とんかつソースを受け入れる土壌があったのだ。

「サルサソース」の「サルサ」ってどんな意味？

メキシコ料理には、サルサソースがよく登場するが、このサルサソースという名は、いわゆる重複表現。「サルサ（salsa）」は、スペイン語でソースを意味するからだ。つまり、サルサソースというと、「ソース・ソース」といっていることになってしまうのだ。

サルサの語源は、ラテン語で塩を意味する「サル（salis）」。英語やフランス語のソースもまた、ラテン語のサルに由来し、サルサとソースは意味も語源も同じ言葉なのだ。

サルサは、メキシコのみならず、中南米で広く使われ、さまざまなサルサがある。そのうち、サルサ・ロハは「赤いソース」という意味で、メキシコやアメリカ南西部でよく使われている。トマトを軸にして、唐辛子、コリアンダーなどを使ったソースだ。

一方、サルサ・ランチェラは、牧場のソースという意味で、トマト、タマネギ、ニンニク、唐辛子などが使われている。近年は、日本人も馴染みはじめているサルサだ。

なお、醤油をスペイン語でいうと、サルサ・デ・ソヤとなる。これは、大豆のソースという意味。

飲酒を禁じられたお寺で日本酒が誕生したのはなぜ？

神社にお神酒（みき）はつきものであり、神事のため、自ら酒を造る神社もある。というように、神道と日本酒は密接な関係にあり、その一方、仏教は酒を禁じている。

ところが、不思議なことに、日本酒の発祥の地は神社ではなく、お寺なのだ。奈良県菩提仙川の上流にある正暦寺（しょうりゃくじ）は、日本酒発祥の地として知られ、参道近くには「日本清酒発祥之地」と書かれた石碑も建っている。

なぜ、酒が禁制のはずのお寺で、日本酒が生まれたのだろうか？　じつは、日本の仏教では、酒に関する規制は、さほど厳重ではない。飛鳥時代、日本に仏教が伝来した頃は、寺院での酒造りなど、論外のことだったが、奈良、平安と時代を経るにつれ、日本では神仏習合が進行し、両者の境界があいまいになってくる。すると、神社で神に捧げるために酒を造るのと同様に、寺院でも仏に捧げる酒を造るようになったのだ。なかでも、大寺院で僧侶が造る酒は「僧坊酒」と呼ばれ、やがて捧げ物だけでなく、商品としても造られるようになる。とりわけ、多くの酒を造っていたのが正暦寺で、正暦寺で造る酒は品質が高いことで知られていた。

いまでこそ、日本酒というと澄んだ酒、いわゆる清酒が主流だが、中世前半まで、日本で造られる酒は、濁り酒しかなかった。正暦寺では技術革新に取り組み、15世紀初め、仕込みを3回に分けて行う「三段仕込み」や、腐敗を防ぐための火入れ作業といった、現代につながる清酒造りの技術を確立した。そのため、正暦寺は、日本酒発祥の地といわれるのだ。

正暦寺で、酒造りの際に使われていた酒母（しゅぼ）は「菩提酛（もと）」と呼ばれ、奈良県では菩提酛を使って酒造りをする酒蔵が多かった。菩提酛を使った酒造りは明治時代までつづいていたが、大正期になって政府により禁止される。

その後、長らく菩提酛を使った酒造りは行われなかったが、１９８６年に奈良県の酒蔵や正暦寺、奈良県工業技術センターなどが「奈良県菩提酛による清酒製造研究会」を設立する。１９９９年には、正暦寺内での酒造りを復活、「日本清酒発祥之地」

われている。

と記した記念碑は、このとき立てられたものだ。現在も、菩提酛を用いた酒造りが行

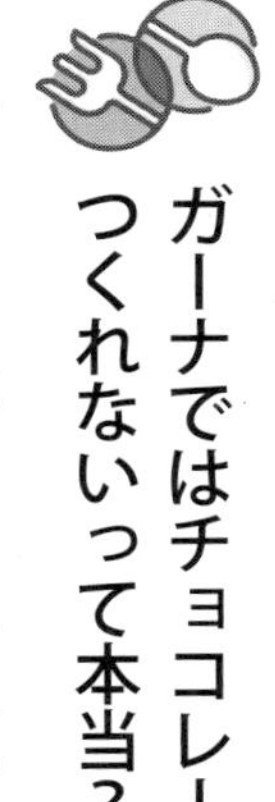

ガーナではチョコレートはつくれないって本当？

西アフリカのガーナといえば、日本ではロッテの「ガーナチョコレート」でも、おなじみの国。事実、ガーナはチョコレートの原材料である、カカオ豆の大産地であり、その生産量は1位のコートジボワールに次ぐ世界第2位の座にある。

とりわけ、日本は、輸入カカオ豆のうち、約7割がガーナ産。日本のチョコメーカーの多くは、ガーナ産のカカオ豆から、チョコレートやココアをつくっているのだ。

といえば、チョコ好きには、〝本場〟のガーナでつくられたチョコを食べてみたいと思う人がいるかもしれない。ところが、それはかなわない望み。ガーナでは、チョコレートをつくっていないからだ。

もともと、ガーナの人々にとってカカオ豆は、イギリスの植民地時代に輸出用として栽培を強いられた作物。カカオ豆からチョコをつくって食べる習慣など、ガーナの

人々にはもともとないのだ。また、ガーナが産地としての知名度を生かして輸出用につくったとしても、食品衛生上の問題などから、輸出するのは難しいとみられる。というわけで、ガーナはあくまでカカオ豆の供給国であり、それからチョコをつくったり食べたりするのは、他の国の人たちなのだ。

缶ジュースの缶の飲み口がわざわざ〝左右非対称〟なのは？

缶ジュースや缶ビールの飲み口は、楕円のような形をしている。その飲み口の形、左右対称と思っている人もいるだろうが、じつは左右非対称だ。よく見ないと気づかないが、左右が微妙に歪んでいるのだ。

なぜ、非対称かというと、そのほうが少ない力でフタを開けられるから。缶飲料のフタは、タブを引き上げることで、タブと連動したフタを缶内に押し込む構造になっている。

そのとき、穴の形が左右対称だと、力が穴の周囲全体にかかるため、開けるのにかなりの力が必要になる。一方、左右非対称にしておくと、タブを引き上げたとき、力が一部に集中し、少ない力でフタを開けることができるのだ。

フタを開けるのに強い力が必要だと、開けたときの衝撃で中の飲み物が飛び出したり、指をケガしたりする恐れもある。そこで、あえて飲み口の穴を左右非対称にしているのだ。

ちなみに、かつて日本では、タブが缶から切り離されるプルタブ式を採用していた。しかし、切り離されたタブで子供が足を切ったり、動物が飲み込んで死亡するといった事件が起きるようになった。そこで、１９８９年からタブがふたに残るステイオンタブ式が使われるようになっている。

ビールの大工場が茨城にたくさんあるのはなぜ？

ビールの大生産地というと、北海道を浮かべる人が多いだろう。実際、日本人による初のブルワリーは、１８７６年（明治９）に設立された札幌麦酒醸造所だし、現在、札幌にあるビール園やビール博物館には大勢の観光客が詰めかけている。

ところが、現在、日本最大のビールの生産量を誇るのは、茨城県だ。

たとえば、2017年度の生産量は39万1378キロリットルで、これは2位の大阪府の29万4132キロリットルの約1・3倍にのぼる。ちなみに、3位は福岡県の28万844キロリットルだ。

茨城県で、これほど多くビールがつくられているのは、茨城県がビール醸造にきわめて適しているからだ。ビールを大量につくるには、3つの条件が必要になる。その一つは、水を豊富に使えることだ。ビールは大瓶1本つくるのに、約6倍の水を必要とする。茨城県は、霞ヶ浦をはじめ、水資源に恵まれ、この条件を満たしている。

2つめは、広大な敷地だ。関東平野の中にある茨城県なら、広い敷地を確保しやすい。

そして3つめが、大消費地である首都圏に近いことだ。先の2つの条件は北海道も満たしているが、この3つめの条件が北海道と茨城の大きく異なる点だ。守谷市や取手市のある茨城県南部は、東京の東端からなら約30キロメートル圏内にあり、高速道路によって出来立てのビールを大消費地である東京に迅速に届けられる。先に挙げたビールの生産量の2位、3位がいずれも大都市圏のある県であることからも、そのことがわかる。

スイカが横縞ではなく縦縞なのは？

阪神タイガースのユニフォームといえば、縦縞。同じく、スイカも縦縞模様である。ただし、阪神のユニフォームの縞模様は黒色だが、スイカの縞はつぶさに見ると黒ではなく、ひじょうに濃い緑色であることがわかる。その色の正体はクロロフィル（葉緑素）で、クロロフィルが多い部分が、黒く見えているのだ。

それにしても、スイカの縞は大半が縦縞で、横縞のスイカはひじょうに少ない。なぜだろうか？

これは、スイカの葉緑素を多く含む細胞が、縦方向に並んでいるため。成長するにつれて、あぶり出しのように色が濃くなり、縦縞がくっきり浮き上がったくるのだ。

そもそも、スイカが縞模様になったのは、〝生存戦略〟のためとみられる。鳥や動物に果肉を食べてもらい、種子を運んでもらうためには、他の植物のなかでも目立たなければならない。そこで、よく目立つように縞模様になり、鳥や動物に対しては、横縞よりも縦縞のほうが、より目立ってみえると考えられるのだ。

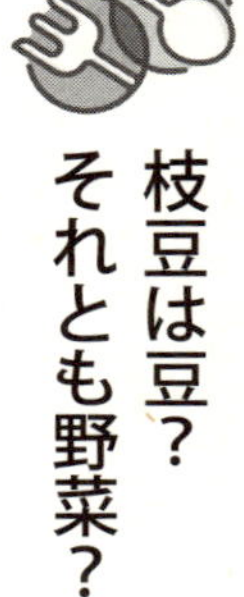

枝豆は豆？ それとも野菜？

「暑い夏、冷えたビールと相性バツグンのおつまみといえば？」という問いに、「枝豆！」と即答するのは、ほぼ日本人だけである。

というのも、現在、世界で枝豆を食べているのは中国、台湾、タイ、ベトナムなど、アジア圏の数カ国だけ。しかも、枝豆を食べる習慣は、日本で始まったものである。日本人が枝豆を食べ始めたのは江戸時代のことで、その習慣が徐々にアジアの国々に伝わったという。

日本人と枝豆の深い関係をおわかりいただいたところで、次の質問に移ろう。「枝豆は、もともとなんという種類の豆か？」

答えは、もちろん「大豆」。枝豆は、みそや醤油や豆腐のもとになる大豆なのだ。

大豆は通常、種をまいてから収穫するまでに、5か月間ほどかかる。毎年、5月下旬に大豆の種を植え、芽が出ておよそ2か月で白くて小さな花が咲く。

その後、花の咲いたあとにサヤがつき、大きくなり始めるのだが、種を植えてから

3か月ほどで、若いサヤを収穫したものが「枝豆」である。

大豆として栽培する場合は、ここで収穫せずに、そのまま成熟させる。すると、サヤは水分が抜け、徐々に茶色になっていく。その中の豆が「大豆」になるというわけである。

では、これが最終クイズ。「枝豆は〝豆〟なのか、それとも〝野菜〟なのか？」

普通に考えれば、枝豆は大豆の未成熟なもの。だから「豆類」と思うかもしれないが、出荷の分類上では「野菜類」として扱われている。

なお、枝豆をおいしく茹でるには、あらかじめサヤごと塩で軽くもんでおき、茹でるときは鍋に塩を多めに入れるといい。枝豆は塩がしみ込みにくいため、ほかの豆を茹でるときなら多すぎるかも、と思うくらいの分量を入れたほうが、おいしく仕上がる。

ズッキーニはキュウリとそっくりでもカボチャの仲間⁉

パスタ料理やミネストローネスープ、ラタトゥイユなど、イタリアや南仏料理に欠かせないのがズッキーニ。形といい色といい、キュウリとウリ二つだが、姿形が似ているからといって、ぬか床に漬けてもおいしい漬け物にはならない。というのも、ズッキーニはキュウリの一種ではなく、カボチャの仲間なのである。もう少し詳しく説明すると、ズッキーニとキュウリは、同じウリ科の植物ではあるが、ズッキーニのほうは、セイヨウカボチャやニホンカボチャと同じ「ククルビタ属」。一方、キュウリはメロンと同じ「ククミス属」に分類される。という説明を聞いても、「ハァ？」と首を傾げている人は、まずは植物の分類法を知っておく必要があるだろう。

植物の分類学上、基本の単位となるのは「種(しゅ)」。ひじょうに近い種を集めて「属」とし、さらに似たような特徴を持つ「属」が集まったものを「科」と呼び、以下「目」「綱」「門」と続く。

このルールに従って表記すると、ズッキーニは、「被子植物門・双子葉植物綱・ウリ目・ウリ科・ククルビタ属・ペポ種」となる。

ますます話がややこしいと思った人は、学問上の名称、つまり学名から説明したほうがわかりやすいかもしれない。学名は、「属」の名と「種」の名前を並記して、最後に命名学者の名前を略して加えたもので、世界共通である。

たとえば、ズッキーニの学名は、ククルビタ・ペポ（CucurbitapepoL.）で、ニホンカボチャはククルビタ・モスカータ（CucurbitamoschataDuch.）となり、「ククルビタ」（属）の部分が一緒。これで、同じ仲間だということが判別できるのである。

一方、キュウリの学名はククミス・サティヴァス（CucumissativusL.）、メロンはククミス・メロ（CucumismeloL.）となり、やはり「ククミス」の部分が同じ。これで、キュウリとメロンは同じ仲間ということが判断できるのである。

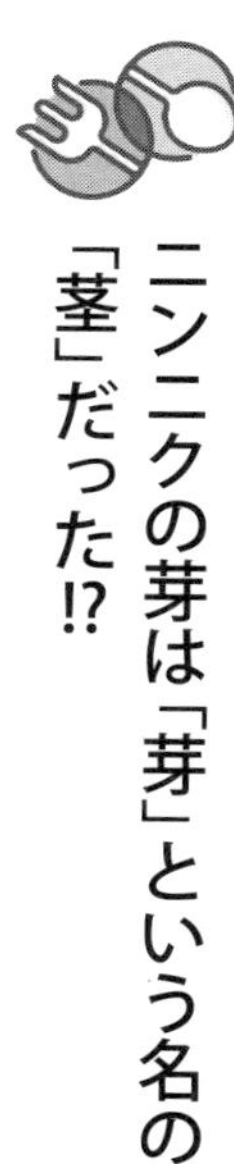

ニンニクの芽は「芽」という名の「茎」だった⁉

イタリア料理、スペイン料理、韓国料理をつくるときには欠かせないニンニク。

一方、中華料理では、ニンニクは実ではなく、「芽」がよく使われる。

牛肉や豚肉と一緒に炒めた「ニンニクの芽の炒めもの」は、中華料理の定番メニューである。

ところで、このニンニクの芽、鮮やかな緑色で細長く、どう見ても「茎」にしか見えない、と思っている人もいるだろうが、その推察は間違っていない。

ニンニクは、春になると、地上では葉や茎を伸ばし、地面の下では、球（ニンニクの実）が大きく育ってくるが、前者の伸びた「茎」が「ニンニクの芽」と呼ばれている部分なのである。

では、なぜ、茎を「芽」というようになったのだろうか。それを知る前に、少しだけニンニクについて勉強しておこう。

ニンニクはユリ科・ネギ属の植物で、中央アジアが原産の野菜。和名の「ニンニク」という呼び方は、仏教語の「忍辱（ニンニク）」、つまり屈辱に耐えて修行するという仏教用語からきたものである。

このニンニク、中国では古来、若い茎の部分や葉っぱの部分を食用にしてきたが、この「茎ニンニク」が中国から日本に渡ってきたとき、つけられた名前が「ニンニクの芽」だったのである。

以来、日本ではこの呼び方で親しまれている。

ちなみに、ニンニクには、芽をとるための品種と、実をとるための品種があり、ニンニクの芽をとるときには、茎が伸びやすい品種が用いられている。球をとるための品種からとれた茎は、固くて筋っぽいため、食用には向かない。

「パッションフルーツ」の「パッション」は情熱ではない⁉

日本では、フルーツジュースや缶チューハイに加工されるパッションフルーツは、強い香りと甘酸っぱさが魅力のブラジル原産の果物。熱帯のフルーツだから、このパッションとは情熱的という意味だと、誰もが思うだろう。

しかし、英語のパッション（Passion）には情熱のほか、「キリストの受難」という意味もあり、この果物の名はそちらに由来している。

パッションフルーツの名づけ親は、15世紀末、大航海時代に南米を訪れたスペイン宣教師だといわれる。布教のために南米に渡った宣教師たちが山奥に分け入ったさい、パッションフルーツの花が咲いているのをみかけたという。

この花をはじめて見た宣教師は、花の形を十字架にかけられたキリストの姿に見立て、「受難の花（パッションフラワー）」と名づけたと伝えられる。

パッションフルーツの花の中央には、3つに分かれた雌しべがある。その雌しべを十字架にかけられたキリストに見立て、3本の柱頭は釘を、5つの雄しべはキリストが受けた5つの傷になぞらえた。さらに、巻きひげはムチに、5枚ずつあるガクと花弁は、刑場でキリストをみとった10人の使徒を象徴しているという。

一方、パッションフルーツは、日本名では「クダモノトケイソウ」という。スペイン宣教師が十字架に見立てた部分は、日本人には時計の針に見えたというわけである。

そのパッションフルーツ、生の果実が手に入ったときは半分に切り、タネごとすくって食べてみるといい。〝受難〟という本当の意味を知っていても、その強い香りとさわやかな酸味は、まさに〝情熱的な南国の味〟である。

日本で初めて夏みかんを「マーマレードジャム」にした有名人の話

酸味が強く、お菓子などの加工品としても利用されている「夏みかん」。もとは山口県の名産品で、今も萩地方を中心に県内で広く栽培されている。その原木とされる夏みかんの木「大日比(おおひび)ナツみかん原樹」は、長門市先崎大日比(青海島)にあって、いまも実をつけている。

当地では、夏みかんの発祥について、次のような話が伝わっている。江戸中期、黒潮にのって南方から文旦系の果実が漂着しているのを、地元に住んでいた西本於長という少女が見つけた。その種をまいて育てたのがこの原木で、家屋の改修のためにいったん刈り取られたが、ふたたび芽を出して成長したという。

さて、夏みかんといえば、マーマレードにも使われるが、日本ではじめてマーマレードジャムを作ったのは、あの福沢諭吉だったということをご存じだろうか。

１８９３年、萩出身の医師、松岡勇記が緒方洪庵の適塾で同窓だった諭吉に夏みかんを送った。諭吉は、その夏みかんでマーマレードを作り、「おいしく食べ、皮を利用してマルマレット（マーマレードジャム）を作った」という内容の礼状をしたためている。それが、日本のマーマレードの第一号とみられている。

千葉県生まれの「二十世紀ナシ」が鳥取県の特産品になるまで

「水菓子」というと、今は葛切りやゼリーのような菓子を指すことも多いが、本来は果物のこと。果物は、お菓子のように甘く、水分をたっぷり含んでいるからだ。その意味からしても、水分が80％以上を占めるナシは、水菓子という呼び名にふさわしい果物といえる。

現在、流通しているナシは、日本ナシ、西洋ナシ、中国ナシの3タイプに大別できる。そのうち日本ナシには、長十郎、幸水などさまざまな種類があるが、なかでも高い知名度を誇るのが、鳥取県の特産品の「二十世紀」だ。

しかし、二十世紀が、鳥取ではなく、千葉県生まれのナシであることは、あまり知られていない。

1888年（明治21）のこと。二十世紀は、現在の松戸市の梨園経営者の息子、松戸覚之助（かくのすけ）が13歳のとき、親戚の家のゴミ置き場に自生している梨を見つけた。そこで、覚之介は、このナシの木を実家に持ち帰り、栽培。10年あまりかけて改良したのが二十世紀なのである。

千葉県は、ナシの生産量では全国一を誇るナシ王国。それなのに、なぜ千葉で生まれた二十世紀が、鳥取県の特産品になったのだろうか？

理由のひとつに考えられるのは、鳥取県のほうが二十世紀栽培に適していたこと。千葉県は、二十世紀を栽培するには、梅雨時の降雨量が多すぎるのだ。一方、鳥取県は同時期の降雨量が比較的少なく、二十世紀の生育に適していたのだ。

リンゴでもないのに「○○アップル」と名付けられた果物の謎

パイナップルは、英語でpineappleと書く。直訳すると「松（pine）のリンゴ（apple）」となるが、もともとは松ぼっくり（pinecone）を意味した言葉だったが、のちに、松ぼっくりによく似た果物（パイナップル）が登場し、転用されることになった。

そのパイナップルを筆頭に、果物の英名には、リンゴではないのに「○○アップル」と名づけられているものが多数存在する。

その一つが、台湾で人気のトロピカルフルーツ「シュガーアップル」。正式にはバンレイシ（番茘枝）という名で、「釈迦頭（しゃかとう）」という別名もある。果皮全体にごつごつした突起があり、お釈迦さまの頭に似ているというのがその由来だ。シュガーアップルという名の通り、甘味の強い果物だ。

ローズアップルは、レンブ（沖縄ではデンブ）とも呼ばれる果物。表面にワックスを塗ったような光沢があり、食感はサクサク。味が淡白なので、甘味が足りなければ砂糖をかけたり、東南アジアではスイカのように塩をふって食べることもある。

これ以外にも、シュガーアップルの仲間であるカスタードアップル、スターアップル、ベルベットアップルなどがあり、いずれもリンゴとは似てもにつかない果物ばかり。

それなのに、なぜリンゴが出てくるのか？

といえば、ヨーロッパの人々にとっては、リンゴが最もなじみ深いフルーツだから。しかも、リンゴは聖書とも関係の深い果実だ。そこから転じて、大事なものや価値あるものをリンゴにたとえるようになり、いろいろな果物に「○○アップル」という名がつけられるようになったのである。

包丁が切れなくなる原因は、実はまな板にあった！

「毎日、包丁をしっかり手入れしていますか？」と問われて、「はい」と答える主婦は、いまでは少数派だろう。それればかりか、最近では、包丁をほとんど使わないという主婦も増えているようだが、プロが使うような高級な包丁でなくても、よく手入れをしておけば、一本の包丁をいろいろな料理に使えて重宝するものだ。

むろん、手入れを怠れば、包丁はじょじょに切れなくなる。しかも、いったん切れ味が悪くなると、ますます切れなくなるという悪循環に陥りやすい。というのも、包丁が切れなくなる最大の原因は、まな板と強くぶつかることだからである。

包丁は、かたいものを切るたび、刃が劣化していく。とはいえ、食材のかたさはさほど問題ではない。それよりも、まな板を〝切る〟ことが包丁の刃を劣化させるのである。

たとえば、大根をまな板で４００回切ったときの刃の状態は、空中で大根を1万回切ったのと同じくらいといわれている。つまり、食材を切るよりも、強い力でまな板にぶつかる方が、よほど刃が早く劣化するのである。

また、包丁の切れ味が悪いと、それだけ腕に力を入れることになるので、さらにまな板と強くぶつかるようになる。包丁の切れ味が悪いほど、刃の劣化も早まるというのは、そういう事情による。

その悪循環を避けるには、包丁を使った後は、洗剤か細かい粒子のクレンザーで汚れを落とし、乾いたふきんで水気をよく取る。そして、刃を傷めないように包丁差しに立てるなど、湿気のないところに収納するとよい。

また、少なくとも週に一度は研ぐことが必要だ。いまは、家庭用の簡易研ぎ器が市販されているので、それを使えば、包丁を溝に乗せて手前に引くだけで簡単に研ぐことができる。

どうして青色の食べ物は存在しないのか

「青色の食べ物で思い出すのは?」と問われれば、「ゼリー」や「ラムネ味のアメ」「ブルーハワイ」などと答える人が多いだろう。いずれも、人工の食べ物・飲み物ばかりだ。自然の食材ではブルーベリーがあるが、名前に反して、その皮の色は青ではなく、紫色だ。

一般的に、自然界に青い食べ物は、ほとんど存在しないといわれている。昔から、日本ではホウレンソウなどの葉物を「青物」と呼ぶが、じっさいには緑色である。

植物の葉が緑色をしているのは、光合成をしているためである。葉っぱは、太陽光のうち、赤色に近い光と、青色に近い光を吸収してエネルギーにしている。そして、残った緑に近い色を反射するため、人間の目には緑色に見えるのだ。

また、多くの動物も、黒や茶色を作るメラニン色素、赤や黄色を作るカロテノイドという色素しか持たず、青色の色素を持つものは、ごくわずかしかいない。青く見える魚も、青色だけを反射して、人間の目に青く見えているにすぎない。そのため、見る角度を変えれば、色が変わる。というわけで、野菜も食肉も魚にも、青いものはほとんど存在しないというわけである。

人類も他の動物も、そういう環境下で食糧を調達してきたため、動物の脳には青い食べ物を見ると警戒し、食欲が減退するプログラムがきざみこまれているといわれる。

いまどきの宇宙食をめぐるウソのような話

人が宇宙で初めて宇宙食を口にしたのは、１９６１年（昭和36）のことである。味わったのは、ロシアのヴォストーク２号のチトフ飛行士である。

当初、重力の働かない宇宙空間で、人は食べ物をうまく呑みこめず、ノドにつまるのではないかと考えられていた。そのため、赤ちゃんの離乳食に近いものが開発されたが、宇宙飛行士の間の評判はひどく悪かった。チトフ飛行士が、何の問題もなく呑みこむと、その後、ひと口サイズの固形食や乾燥食品が開発された。

人類が初めて月面に降り立ったアポロ時代は、食品をお湯でもどした温かい食事が可能となった。当時のメニューは、スパゲティ・ミートソースや豆のスープ、シナモン・トースト、チョコレート・バーなど、数十種類。スペースシャトル時代になると、約400種類が用意された。

現在の宇宙食は、地上で食べるものにひじょうに近くなってきている。アポロ時代からのレトルト食品に、水やお湯で戻して食べる加水食品に加え、パンや果物といった生鮮食品、キャンディーなど、地上とほぼ同じものが食べられる食品もある。さらに、ステーキのように温めて食べるものや、液状になったソースやドレッシングもある。

もちろん、日本食もオーケーで、向井千秋飛行士はタコ焼きや肉じゃが、サケの南蛮焼き、五目炊き込みご飯、菜の花ピリ辛あえを持ちこんだし、土井隆雄飛行士は、日の丸弁当を持参した。

せんべいは粉が飛び散るので、さすがにNGと思われたが、じつは若田光一飛行士は草加せんべいを携行し、何の問題もなく食べた。また、ラーメン、カレーなども持参している。

■参考文献

「西洋料理野菜百科」ジェイン・グリグソン著、平野和子・春日倫子訳（河出書房新社）／「プロが教える料理のコツ」長坂幸子監修（日東書院）／「プロが教えるお料理教室」大河原晶子（高橋書店）／「知っておきたい食品鮮度の知識」渡辺雄二（日本実業出版社）／「知ったかぶり食通面白読本」主婦と生活社編（主婦と生活社）／「キッチンの知恵３６６日」本多京子監修（家の光協会）／「おいしい食べ物知識事典」林廣美（三笠書房）／「美味しさを測る」都甲潔、山藤馨（講談社ブルーバックス）／「こつの科学」杉田浩一（柴田書店）／「モノづくり解体新書（一の巻～七の巻）」日刊工業新聞社／「科学・知ってるつもり77」東嶋和子、北海道新聞取材班（講談社ブルーバックス）／「よくわかる食品業界」芝先希美夫、田村馨（日本実業出版社）／「鮓・鮨・すし」吉野ます雄（旭屋出版）／「すし話魚話」末広恭雄（平凡社）／「美味放浪記」檀一雄、「歴史はグルメ」荻昌弘（以上、中公文庫）／「これから儲かる飲食店のラクラク開店法」赤土亮二（旭屋出版）／「偉人・天才たちの食卓」佐伯マオ（徳間書店）／「たべもの語源考」平野雅章（雄山閣）／「料理の基本大図鑑」大阪あべの辻調理師専門学校、エコール・キュリネール東京・国立監修（講談社）／「男のための料理の基礎」（扶桑社）／「洋食バイブル」石原洋子（集英社）／「斉藤辰夫のおいしい和食コツのコツ」斉藤辰夫（主婦と生活社）／「食卓にのる新顔の魚」海洋水産資源開発センター・新魚食の会（三水社）／「旬のうまい魚を知る本」野村祐三（光文社知恵の森文庫）／「旨い魚の小事典」千石涼太郎（リイド文庫）／「魚の雑学事典」富田京一、荒俣幸男、さとう俊（日本実業出版社）／「大衆魚のふしぎ」川井智康／「魚のおもしろ生態学」塚原博／「一歩身近なサイエンス」Quark編（以上、講談社ブルーバックス）／「初めての料理肉と卵」栄養と料理家庭料理研究グループ（女子栄養大学出版部）／「一目でわかる図解日本食料マップ」食料問題研究会（ダイヤモンド社）／「ぜひ知っておきたい昔の野菜今の野菜」板木利隆（幸書房）／「食の文化話題事典」杉野ヒロコ監修（ぎょうせい）／「日本の食卓」産経新聞社会部編（集英社）／「崩食と放食」ＮＨＫ放送文化研究所世論調査部編（ＮＨＫ出版）／「八百屋さんが書いた野菜の本」前田信之助（三水社）／「ワインの事典」山本博、湯目英郎監修（産調出版）／「のどがほしがるビールの本」佐藤清一（講談社）／「江戸前のすし」山崎博明（雄鶏社）／「寿司屋が書いた『美味しんぼ』の味・59食」久保田勝利（リヨン社）／「イカの魂」足立倫行（情報センター出版局）／「たべもの革命」毎日新聞社社会部編（文化出版局）／「謎ときいまどき経済事情」日本経済新聞社編（日本経済新聞社）／「モノづくり断面図鑑」スティーブン・ビースティ、リチャード・プラット（偕成社）／「にっぽん魚事情」時事通信社水産部（時事通信社）／「あした何を食べますか？」朝日新聞「食」取材班（朝日新聞社）／「知って得する最新食べもの学」稲神馨（朝日新聞社）／「続あぶない食品物語」溝口敦（小学館）／「農業と食料がわかる事典」藤岡幹恭、小泉貞彦（日本実業出版社）／「エコノ探偵団の大追跡」日本経済新聞社編（日本経済新聞社）／「懐かしさいっぱいのGoodsたち」林義人（リヨン社）／「定価の構造」内村敬（ダイヤモンド社）／「これが原価だ!!」山中伊知郎（インターメディア出版）／「食卓の不安にお答えします」吉川春寿、竹内端弥監修（女子栄養大出版部）／「地理・地名・地図の謎」シリーズ（じっぴコンパクト新書）／「謎解き散歩」シリーズ（新人物文庫）／「週刊朝日」／「AERA」／「サンデー毎日」／「ESSE」／「サライ」／「SPA!」／「日経トレンディ」／朝日新聞／読売新聞／毎日新聞／日本経済新聞／ほか

※本書は、『そこが気になる決定版！お客に言えない食べ物の裏話』（小社刊／2006年）、『お客に言えない食べ物のヒソヒソ話』（同／2011年）、『お客に言えない食べ物のカラクリ』（小社刊／2014年）、『ヨソでは聞けない話　「食べ物」の裏』（同／2018年）、をもとに、改題、加筆、修正のうえ、新たな項目を加えて再編集したものです。

編者紹介

㊙情報取材班
人の知らないおいしい情報を日夜追い求める、好奇心いっぱいのジャーナリスト集団。あらゆる業界に通じた幅広い人脈と、キレ味鋭い取材力で、世の裏側に隠された事実を引き出すことを得意としている。
本書は、産地、流通、外食店、スーパー、食材、料理など、＜食べ物＞の裏側に鋭く迫った決定版。読めば、食べ物についての常識、思い込みが根底からくつがえる！

お客に言えない食べ物の裏話大全

2019年 11 月 1 日　第 1 刷

編　　者　㊙情報取材班

発 行 者　小 澤 源 太 郎

責任編集　株式会社プライム涌光
電話　編集部　03(3203)2850

発 行 所　株式会社青春出版社
東京都新宿区若松町12番1号〒162-0056
振替番号　00190-7-98602
電話　営業部　03(3207)1916

印刷・大日本印刷　　製本・ナショナル製本

万一、落丁、乱丁がありました節は、お取りかえします

ISBN978-4-413-11304-5 C0030